成形针织服装设计——制板与工艺

王　琳　著

 中国纺织出版社有限公司

内 容 提 要

成形针织服装设计是服装设计一个分支。随着成形针织产品市场份额的不断加大，对设计、制板、工艺人才的需求也在不断增多。成形针织服装设计人才培养相对于裁片类服装是有一定难度的，这是因为它要求在款式设计的同时，就对组织花型、工艺进行设计。而初学者往往对组织花型的制板和工艺不是很了解，这就会造成设计的款式、组织花型很难进行生产。本书从针织服装设计理论着手，从工艺设计到制板，再到成衣加工等一系列针织设计、生产流程进行介绍，并结合实际生产经验，根据不同案例提出解决方案。

希望本书，可以为针织服装设计者提供一定的指导，同时可以为针织制板、工艺设计人员提供参考。

图书在版编目（CIP）数据

成形针织服装设计：制板与工艺 / 王琳著 . -- 北京：中国纺织出版社有限公司，2020.10

ISBN 978-7-5180-7107-4

Ⅰ . ①成… Ⅱ . ①王… Ⅲ . ①针织物—服装设计—教材 Ⅳ . ① TS186.3

中国版本图书馆 CIP 数据核字（2020）第 002502 号

责任编辑：籍 博　　责任校对：王花妮　　责任印制：王艳丽

中国纺织出版社有限公司出版发行

地址：北京市朝阳区百子湾东里 A407 号楼　邮政编码：100124

销售电话：010—67004422　传真：010—87155801

http://www.c-textilep.com

中国纺织出版社天猫旗舰店

官方微博 http://www.weibo.com/2119887771

北京玺诚印务有限公司印刷　各地新华书店经销

2020 年 10 月第 1 版第 1 次印刷

开本：710×1000　1/16　印张：13

字数：125 千字　定价：78.00 元

前　言

　　成形针织服装设计是服装设计中重要的一个分支。随着成形针织产品市场份额的不断加大，对设计、制板、工艺人才的需求也在不断增多。成形针织服装设计人才的培养相对于裁片类服装是有一定难度的，这是因为它要求在款式设计的同时，就对组织花型进行设计，在制板的同时又应对工艺非常了解。而初学者往往对花型组织的制板和工艺不是很了解，这就会造成设计的款式、组织花型、工艺很难进行生产。针织服装设计、制板、工艺的学习是个时间相对较长的过程，本书从针织服装设计的基础理论着手，对规格设计、工艺设计、组织花型、制板、成形制板等一系列流程进行介绍，并结合实际生产经验，将制板与工艺的常见应用及问题进行剖析，提出解决方案。因此，编写本书，一是为成形针织服装设计者的入门提供一定的指导；二是为针织制板、工艺设计人员技术的提高提供参考。

　　针织服装的花型组织设计、制板与工艺是针织产品生产的关键。目前，市场上各个厂家开发不同横机设计程序，因此，用户不得不根据各自不同的机型掌握不同的制板方法。市场中常用的制板程序主要有德国STOLL公司的制板程序，日本岛精公司的制板程序，国内常用的制板系统有恒强制板系统、睿能制板系统等。本书制板部分是以HQPDS16恒强制板系统为基础进行的，系统介绍了常用针织织物组织的制板方法，典型款式服装的成形制板，全成形针织服装的发展等。本书介绍的制板方法不是唯一的，面对任何一款具体的针织产品时，都可以有多种制板处理方法，本书的宗旨是使广大读者了解组织花型的制板、成形工艺设计原理、方法、技巧，根据具体情况进行分析，寻找最合适的方式进行设计、制板、生产。

作者

2019年4月

目　录

第一章　成形针织服装概述

第一节　成形针织服装概述

一、针织定义

针织（Knitting）是利用织针弯纱成圈，然后将线圈相互串套而成织物的一种纺织加工技术。针织根据工艺及加工技术的特点不同，主要分为经编类和纬编类。

经编是用多根纱线同时沿布面的纵向（经向）顺序成圈，纬编是用一根或多根纱线沿部门的横向（纬向）顺序成圈。纬编针织品最少用一根纱线就可以形成，但是为了提高生产效率，一般采用多根纱线进行编织；而经编织物用一根纱线是无法形成织物的，一根纱线只能形成一根线圈构成的琏状物（图1-1）。所有的纬编织物都可以逆编织方向脱散成线，但是经编织物不可以。经编织物不能用手工编织。

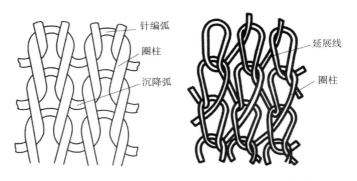

（a）纬编类针织物线圈图　　　（b）经编类针织物线圈图

图1-1　针织物线圈图

线圈是针织物最小的结构单元，线圈由圈柱、针编弧和沉降弧组成。

二、纬编针织服装的分类

裁剪类（Fully Cut）：这类服装是指将针织坯布按服装结构设计的样板进行裁剪，再缝制而成的针织服装。编织机械主要是圆筒编织机和横编织机。

部分裁剪类（Stitch-shaped Cut）：由于工艺和生产效率等要求，这类服装指通过计算衣长、胸围等，大体编织出服装廓型，只需要进行局部裁剪，如肩斜、袖夹、领型等，再缝制而成的针织服装（图1-2）。

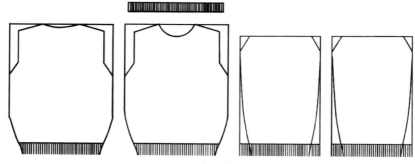

图1-2　部分裁剪类

成形类（Fully-fashioned）：指通过改变针数、转数、工艺参数等来改变服装衣片的尺寸和形态，不需要裁剪就可以直接编织出衣片，通过缝合制成的针织服装（图1-3）。

图1-3　成形类

三、成形方式

成形是毛织类产品的重要工序，横机在编织的过程中通过增减针数改变服装的横向尺寸，增减转数改变服装的纵向长度，从而编织出所需要的服装衣片形状。

（一）减针

1. 收针

收针是根据工艺要求，将要退出工作的线圈移到相邻的织针上，并使其织针退出工作区，如袖夹底部、袖山位置的平收。

明收针：将需要收针的线圈直接转移到相邻的织针上，使相邻线圈重叠的收针过程，称为明收针。

暗收针：将所需要收针的线圈连同相邻织针上的线圈一起平移，使其叠针位置不在边上的收针方式称为暗收针。根据工艺要求平移针数等于收针针数加上几支边数。

2. 拷针

拷针是将要减去的织针上的线圈从织针上退下来，并使其织针退出工作区，下机后通过裁剪或缝盘进行拷边，如圆领底、肩部等，可通过打废纱等方式将其拷针，这种方式效率较收针高，但下机后易脱散，同时增加了缝合工序，对原料的消耗比收针多。

3. 缩针

缩针也是减针的一种，是将需要减掉的尺寸的针数均匀地分配到衣片上，或按指定位置进行叠针的一种减针方式，在全成形服装中应用较为普遍。

（二）加针

通过增加织针工作的针数来使服装改变尺寸的过程，可分为明加针和暗加针。

1. 明加针

将需要增加的织针直接进入工作区，不进行移圈的加针方法。加多针时，由于边缘的牵拉力不够，需要加大牵拉力以便能顺利进行成圈。

2. 暗加针

将需要加针的织针进入工作区，然后将相邻织针的线圈平移加针数，使其加针位置不在边缘，并把旧线圈挂在需要加针的位置的一种加针方式。这种方式较明加针编织效率低，但加针边缘美观，不易出现孔眼。

四、针织横机

（一）机号

机号定义：机号是表示针的粗细和针之间距离大小的参数，机号用针床上一英寸长度内所具有的针数来表示。

E—机号，t—针距，E=25.4/t。

市场中常见的针织横机机号有3.5针、5针、7针、9针、12针、14针、18针等。

（二）纬编针织机的分类

按针床床数分：单针床针织机和双针床针织机。

按针床形式分：平行针织机和圆型针织机。

按针的分类分：钩针机、舌针机、复合针机。

按自动化程度分：手摇机、半自动针织机、全自动电脑横机、全成形针织机。

五、纬编针织物的性能特点

（一）良好的弹性和伸缩性

当织物向一个方向拉伸时，另一个方向会产生回缩，这种特性叫作伸缩性或弹性。

（1）设计时减少为造型而设计的省道、褶裥、拼接，可以降低损耗、减少生产成本。

（2）利用针织物本身良好的弹性既能充分体现人体曲线，又不妨碍运动。

（二）某些组织具有卷边性

卷边性是某些针织物组织在自由状态下，边缘产生的包卷现象。例如，纬平针组织上下向织物正面翻卷，左右向织物反面翻卷。

（三）吸湿透气性好

针织的线圈结构能保存较多的空气，因而透气性、吸湿性都好，穿着时具有舒适感。

（四）组织大多具有脱散性

当纱线断裂或线圈脱离串套后会产生线圈与线圈的分离现象，这种性能就是针织面料的脱散性。

（五）适形性好

所谓适形性，一方面指针织面料能随着人体表面皮肤张力的变化而迎合人体运动的需求，另一方面指针织服装的外形可以自由变化，更好地适合不规则的人体。

（六）抗皱性较好

针织织物组织由线圈相互串套形成的特别方式，使得纱线的受力点不同，所以不易产生压折现象。

（七）尺寸稳定性差

由于线圈结构的伸缩性较大，弹性好，故针织物的尺寸稳定性差。

六、经编针织物的性能特点

经编是由所有织针同时垫纱成圈形成的，其性能特点如下：

（一）延伸性、弹性小

经编针织物的延伸性与组织结构有关，有的经编针织物横向和纵向均有延伸性，有的则尺寸稳定性较好，更接近于梭织面料。

（二）防脱散性

经编针织物通过多根纱线相互串套形成不同的组织，减少像纬编织物形成的因断纱而产生的脱散现象。

（三）卷边性能不明显

经编织物由于组织结构所产生的内外应力较为均衡，所以卷边现象不明显。

（四）适形性差

由于经编针织面料更接近于机织面料，弹性小，面料相对硬挺，故适形性较差。

第二节　全成形针织服装概述

一、全成形针织服装

（一）概念

全成形针织（Integrally Knitting）是由一根纱或多根纱合股，运用全成形针织机，通过3D增材工艺计算，一次性编织出来的三维立体服装（图1-4）。

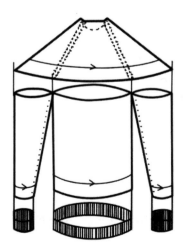

图1-4　全成形针织服装

（二）全成形针织的优势

1. 减少工序、节约劳动力

与传统针织相比，全成形针织具有不可比拟的优越性。传统毛衫是用横机编织衣片，再用缝盘缝合成形。必须经过缝接才能形成立体服装，而全成形针织不需要缝合，减少工序，节省劳动力，减少作业工人到达62%。

2. 节省原料

原料损耗节约2%。

3. 提高生产效率

缩短生产线和生产流程，减少验片、修片、套口、套口检验、套口收发、套口手缝、手缝检验等。缩短生产周期1/3左右，适合小批量、多款式的柔性生产。

4. 对人体无接缝摩擦

因为全身无接缝一体成衣，所以穿着时，对人体无摩擦，更轻盈合体，舒适自然。

5. 受力部位伸缩性好

传统毛衫的缝合工序，缝合线的伸缩性会较织物组织的伸缩性差，缝合部位会造成穿着活动中产生不舒适感。

6. 织物整体受力均匀

全成形针织是以立体的方式一次性编织，在编织过程中，工艺参数相对一致，织物受力相对均匀。这是传统毛衫分片进行编织无法比拟的。

7. 3D增材工艺，增加服装的合体性

全成形针织的典型工艺是3D增材工艺，汲取服装立体裁剪的经验，较原来传统毛衫工艺相比，不易出现挂肩上下比例不协调，不合身的现象，增加了服装的合体性。

（三）全成形针织较普通针织的劣势

1. 适合编织单面的变化组织

目前市场中的全成形机器研究不够完善，只能针对单面的变化组织进行编织，无法完成双针床组织，如双面提花组织，满针罗纹（四平）组织的全成形编织。

2. 机器的稳定性不够，易出现漏针等

较传统针织相比，易出现漏针现象。

二、全成形针织编织工艺原理

全成形编织的基本操作是圆筒编织，横向通过加针或缩针减少针数，纵向通过铲针（休止）改变纵向线圈转数，通过线圈形态变化和合夹等完成横纵不同的编织结合（图1-5），最后进行横列的封口构造完成整体的三维服装造型（图1-6、图1-7）。

图1-5　全成形的合夹处理

图1-6　全成形针织3D工艺

图1-7　岛精全成形针织设备机头、针床

第三节　成形针织服装设计要素

成形针织时装风格设计主要受：原料、色彩、款式造型、组织结构四个要素的影响。

一、原料

市场上的原料（纱线）种类很多，怎样才能快速、准确地去选择原料来表达我们所要呈现的设计作品？就要求我们熟悉不同原料的特性及设计应用。

（一）常见的纱线分类

1. 按照纺织工艺分

（1）精纺纱线

精纺纱线是用纤维平均长度在75mm的毛纤维或毛型化纤，经过精梳纺纱系统加工而成的纱线。纱线光洁、成衣挺括、悬垂性好、弹性好、抗起毛起球较好，适合一些较高档产品的设计用料。典型产品有羊毛及混纺产品、精纺羊绒产品等。

（2）半精纺纱线

所谓半精纺就是介于精纺和粗纺之间的一种纺纱工程，原指简化的毛精纺系统，如今已经演变成为介于棉纺和毛精纺之间的一种纺纱系统，原料为棉毛混合，产品风格与精纺相似。

（3）粗纺纱线

粗纺纱线是指纤维平均长度在50mm的毛纤维或毛型化纤，经过粗梳纺纱系统加工而成的纱线。粗纺纱线的特性是蓬松、饱满，织物丰厚保暖，富有立体感，用料丰富兼具多种原料特性。但需要注意的是，这类纱线易起毛起球、掉毛掉绒、纱线强力弱、织物单纱易纬斜等。

2. 按照原料成分

（1）毛纺纱线

这类产品手感滑糯、蓬松、身骨丰厚、光泽柔和，主要产品有羊仔毛、羊绒、马海毛、牦牛毛、兔毛、驼绒等。

（2）棉纺纱线

条干均匀、光泽好、结杂少、强力高、产品质量稳定、价格便宜，但织物较为硬挺，蓬松度不够高。

（3）绢纺纱线

柔软、亮丽、悬垂性好、滑爽、纱线光洁。

（4）麻纺纱线

滑爽、硬挺、吸湿放湿快，这类纱线刚性较大、不易弯曲，经常与其他纱线混纺，穿着凉爽，具有自然肌理感。

（5）混纺纱线

混纺纱是指由两种或两种以上不同纤维按一定比例混合纺制的纱线，如涤棉混纺纱、涤粘混纺纱等。

（6）化纤类纱线

市场中应用广泛的花式纱线大部分属于化纤类产品。花式纱是指在成纱过程中采用特种工艺和特种设备加工得到具有特殊结构和外观效果的纱线，具有装饰效果的纱线。这类纱线属于快速品，更新换代快，外观立意、时尚、另类。

（二）纱线的设计应用

不同的纤维由于具有不同的截面和表面形态，因而对光的反射、吸收、透射程度也各不相同，会体现出不同风格特征，给人不同的视觉感受。例如，化纤具有较强的光反射能力，表面较一般织物光亮；棉纤维织物色彩柔和是因为其对光的反射能力弱，感觉淳朴自然。但棉纤维经过丝光处理后增强了对光的反射能力，因此也会变得鲜艳亮丽。羊毛是一种卷曲带有鳞片的短纤维，羊毛织物相对较厚重，体现一种粗犷、含蓄、稳重的风格；蚕丝是一种细而光滑的长丝，光泽较强，其针织物光滑、靓丽、轻盈，适合表现具有同类质感的浪漫风格服装；麻纤维比较粗硬，其针织物适合休闲风格的表现，粗狂洒脱。新型纱线具有优良的服用性能，同时也为成形针织服装设计提供了多种风格特色的原料，如天然彩色棉线、Lyocell丝、玉米丝、大豆丝、牛奶丝等。另外还有一些特殊型的纱线，圈圈纱、拉毛纱、竹节纱、大肚纱、珠片纱等。

1. 纱线自身的变化

由于纱线自身的凹凸、曲直变化会直接影响织物的外观效果，因此在设计成形针织时装时必须考虑这一方面。采用光滑顺直的纱线，其织物肌理平整、纹路清晰；采用曲线形纱线，织物线圈缠结、条干不清晰有毛毡感的外观效果；采用自身带有粗细变化纱线，织物表面会有凹凸的肌理变化；采用两种不同的纱线，地组织运用粗细均匀的纱线，需要突出部分运用带有变化的结子纱，织物花形突出且立体感强，形成风格别致的颗粒状的外观效果；如果纱线的颜色再带有渐变的效果，则会形成行云流水般的图案；如采用膨体纱、拉绒线等自身带有绒粒效果的纱线的纬平织物，则其手感柔软、外观绒感丰富。通常情况下，为突出纱线自身的风格特点，组织运用上以基本组织为主。

2. 不同纱线的组合变化

通过粗细纱线的变化，可以形成虚实对比的视觉效果。选择两种或几种粗细有明显变化的纱线，在密度一定的情况下进行编织，可以形成时而真实、时而虚幻的外观效果。一般来说，粗线肌理效果明显，质感蓬松，体现粗犷个性的肌理特征；细线肌理较为平整、精致、简洁、干练。因此，粗细不同的同类纱线，组织相同的情况也会产生两种截然不同风格。粗细纱不同的组合手法是近几年针织时装中常见的设计手法之一，采用成分相同，粗细不同的纱线，合理的分布在同一设计中的不同部位，可以形成凹凸、薄厚、疏密、虚实的对比。另外，也可通过不同材质的纱线组合变化，运用两种纱线组合设计，通过产生质感上和颜色上的对比，从而获得外观视觉上的愉悦。

二、色彩

成形针织服装的色彩设计就是通过服装的配色设计及与色彩表现密切相关的组织结构、图案、造型以及装饰等要素经过一定的组合来吸引消费者，使其获得视觉生理上的舒适，从而引起一种心理的美感，进而达到认同或购买的目的。在设计时，需注意色彩与时装风格、组织结构、款式造型等其他要素间的整体性。

服装色彩必须要与整体风格和穿着场合相统一。例如，具有民族风格的服装，我们在设计时就要充分考虑该民族的色彩特点；前卫风格的服装设计，我们在色彩搭配上可以选择纯度和明度都比较高的色彩来配色。

另外，在成形针织服装中的色彩还需考虑与人体美的协调、与材料的搭配和与环境的融合。

三、款式造型

成形针织服装在设计方法、设计元素和工艺处理上相对于裁片类针织服装和梭织服装而言有很大的特殊性，有自己的独立设计体系。这些特殊性决定了成形针织服装的整体造型主要通过外部廓型和内部组织结构来体现。其款式造型设计重点在于领型、袖型、肩型及充分利用针织物的性能特点来设计，所以成形针织服装常用于分割线较少且简洁完整的款式造型设计。在进行成形针织时装造型设计时，应充分利用织物的性能特点，如良好的弹性、尺寸稳定性、变形性、卷边性等，设计中扬长避短。从这些特点因素出发，将其最大化地发挥为成形针织服装廓型设计。

线条简洁是成形针织服装设计的特点，服装中的分割线结构线大多都是直线、斜线或简单的曲线。这是由针织物的特点决定的，在梭织服装中我们必须运用曲线的部位，在成形针织服装中只需要运用直线，充分利用织物的弹性和延伸性就能达到相似效果。针织物的弹性和延伸性决定成形针织服装中具有较少的结构分割线，也不需要过多的省道。另外，针织物脱散性等性能特点也不允许做太多的分割设计，所以成形针织服装的款式造型设计主要运用性能特点在局部来展开设计。当外部轮廓风格确定后，内部结构分割必须与外部相呼应，与造型相统一。例如，一个O型裙，在其内部采用横、纵的直线分割，会令人产生不协调的感觉。

四、组织结构

织物组织结构是指织物形成时的构成方式。针织织物的组织结构即针织物的构成方式，由不同的线圈结构单元按照一定的规律排列组成。通过纱线变化、排针变化、工作区域选定、密度调节等设计方式形成的组织不计其数，形成不同的花色效应和外观肌理的织物。

针织织物组织按照编织方式不同，可分为基本组织、变化组织、花色组织、复合组织。

（一）组织结构类别

1. 基本组织

（1）纬平组织

纬平组织结构简单、编织方便，是最常用的组织，同时也可作为一些花色组织或复合组织的地组织。单面纬平组织、双面纬平组织（也称袋状组织、筒状组织）和松紧密度组织是常用的三种纬平组织。

兼具轻、薄、柔软、平整等特点的单面纬平（平针）组织，其特性是顺、逆编织方向均可脱散，具有较好的延伸性，织物边缘有卷边特性。在编织单面纬平织物时可通过更换纱线颜色来得到各类彩色的横条效应。

双面纬平组织（也称袋状组织、筒状组织）通过对角三角工作原理，使每一横列上只有单一针床工作，一转里前后针床各编织一次，从而形成筒状织物。为了达到两边部成形良好，必须使针床间距与针距相等或相近。

松紧密度织物是在单面纬平针上，通过密度调节高低变化，进而使织物的线圈横列的松紧密度不一致，从而产生凹凸效应。织物的反面形成明显凹凸肌理，或采用纱线变化使其凹凸更明显。

（2）罗纹组织

罗纹组织是双面纬编针织物的基本组织，它是由正面线圈纵行和反面线圈纵行以一定的组合相间配置而成。罗纹的条状外观效果是针织服装中常用的组织表达形式，通常有1×1、2×2、2×1（正面线圈针数×反面线圈针数）等。

（3）双反面组织

双反面组织是双面都类似纬平组织反面的外观，通过正面线圈横列和反面线圈横列交替配置而成。常见的双反面组织以正面线圈横列数+反面线圈横列数来表示，如1+1、1+2、3+2等，但最常见的为1+1双反面组织。

2. 变化组织

（1）变化纬平组织

为了增加纬平组织的厚度和保暖性，将两个纬平组织复合而成。

（2）双罗纹组织

两个罗纹的复合组织称为双罗纹组织（棉毛组织）。由于两个组织的复合所以棉毛组织较一般组织厚实、保暖性好，具有较好的弹性和延伸性。

3. 花色组织

（1）纱罗组织（挑孔、绞花）

按照设计要求进行线圈移位的纱罗组织（又称移圈组织）主要分为挑花组织和绞花组织两种。挑花组织（网眼组织或挑孔组织）是按照设计要求在地组织上，通过线圈移位形成大小不一的网眼效果。挑花分为单面和双面挑花组织，两者都具有轻便、大方、透气性好的特点，常用于春夏服装中全身或局部的花形设计。绞花组织（又称拧麻花），是按照设计要求进行相邻线圈相互交替移位而成，常见的绞花组织有1×1、2×2、3×3等移位方式。绞花形成的凹凸外观效果给人充满活力、粗犷的感觉，常用于男女青年装中。

（2）提花组织

提花组织是按照图案设计，在不同的织针上进行不同颜色纱线的编织成圈形成的，分为单面提花组织和双面提花组织两种。按色彩又可分为单色、双色、三色提花等。

单面提花组织又分为单面虚线提花组织和嵌花组织。单面虚线提花组织每个线圈后面有不同颜色纱线形成的浮线，这种组织设计花形时应注意浮线不宜过长，否则易抽丝。此组织与纬平组织相比织物较厚、横向延伸性小、易抽丝，但具有良好的花色效果。嵌花组织的反面无浮线存在，织物平整且无重叠线圈，延伸性好且具有花色效果。

（3）集圈组织

集圈组织是由一个封闭的线圈和多个悬弧组合而成的，集圈组织又可分为胖花组织和畦编组织两种。运用不退圈原理编织成的胖花组织应用广泛且花形较多。在罗纹组织基础上，运用不退圈原理在罗纹上编织的集圈组织为畦编组织，可分为半畦编和畦编组织两种。

（4）添纱组织

运用特殊喂纱嘴进行两种或多种纱线的编织形成的添纱组织，其织物正面和反面具有不同颜色和风格的线圈。添纱组织有很多种，最基本的为平针添纱组织和罗纹添纱组织。平针添纱组织其中一色纱在织物正面为面纱，一色纱在织物的反面为地纱，性能上与基本组织相似，但色彩和风格上却大不相同。如果采用1×1罗纹添纱组织编织服装，由于正面能看到半个反面线圈，因此在织物两面都能看到两种颜色宽窄条纹的交替效果。

4.复合组织

复合组织是由两种或两种以上的组织复合而成，常见的是罗纹复合组织和双罗纹复合组织。

（二）组织结构的复合与组合

运用单一组织表达设计主题和体现风格，已经满足不了人们对个性、时尚的需求。不断运用组织结构的复合与组合，能够丰富组织的外观肌理效果，改善织物光泽、手感，更好地诠释设计理念。

1. 组织结构的复合

组织结构的复合是依赖工艺技术把几种组织结构复合在一起，它是以工艺条件为基础的，而不是人为的组合，从而打破原有的外观，获得新的肌理效果。具体到组织复合上，如纬平组织与移圈组织的复合，波纹组织与抽针浮线的复合等。复合组织形成的织物兼具几种组织的肌理特征，复杂多变。但由于受到工艺的制约，有些组织的复合很难实现，或产生的外观效果不甚美观，很难应用到实际的针织时装设计中。随着纺织技术的发展和设备的开发，将会出现很多美观且易于工艺操作的复合组织。

2. 组织结构的组合

不同组织的组合应用是把不同组织织物通过点、线、面的设计组合，从而获得新的外观肌理效果。组织结构的组合突出不同的组织间的对比效果，它是求得变化、增加织物肌理特征，在视觉上达到强烈对比效果的最好方法。在同一款针织服装中，采用性能和视觉风格差异很大的组织，使之形成对比，以此来强调设计和突出组织变化。两种或多种组织组合在一起就会形成厚薄、凹凸、松紧、疏密等对比，但这种对比不是盲目的组合，要追求各种组织之间的平衡，强调各种肌理效果的协调统一。

（三）组织结构设计原则

1. 熟悉组织结构编织原理和特性

在进行成形针织组织结构设计之前，必须先了解它的编织原理和特性，这样我们才能根据不同的服用要求进行组织结构的复合和组合设计，或进行不同部位的组织结构选择。如在单面纬平织物上要表达视觉强烈的浮雕效果，可以采用绞花组织来表达。为了使浮雕感更强，可以将绞花两侧部分织针移向后针床，这样会增加凹凸的视觉效果。

2. 组织结构设计要与原料相结合

如羊绒在进行组织结构设计时，应充分考虑其纱线特点，细腻丰满、手感柔软顺滑，但强度较低，我们在设计时应尽量采用能突出其品质感的基本组织（纬平组织）或花色组织。

3. 组织结构设计要与款式、服用要求相结合

在进行织物组织结构设计时必须考虑服装的款式和服用要求。如针织礼服的设计，需要织物滑糯、悬垂性好，我们可以采用具有同类质感的丝

质纱线，运用单面组织，如较为柔软、轻、薄的纬平组织来设计。

4. 组织结构的肌理表达要与服装风格相协调

针织时装在进行组织结构设计时，还须将织物的肌理表达与服装风格协调起来。例如，简洁的时装风格，我们在设计时应采用较为单一的组织结构来设计；前卫风格的服装我们在设计时应采用肌理感强的组织，并采用多种组织复合和组合的方式来表达。

5. 组织结构设计应遵循形式美法则

成形针织服装不同于其他梭织服装或非成形针织服装的一个优势是具有成形功能。在进行组织结构设计的同时已经对服装的色彩美等进行设计。服装的形式美是指服装外部呈现的形态美，包括结构、色彩、款式、材料质地等。成形针织服装的形式美指的是服装色与形的美。色的美取决于针织服装的原材料，也就是纱线的选择及运用。形的美取决于款式造型和组织结构的设计。"形"由点、线、面、体构成。在成形针织服装中，点即每个组织循环单元，是构成针织服装的基本形式。每个突出的点具有装饰、诱导视线的特性。线为多个点的移动排列。在组织结构设计中，线的表现形式也分为两种，直线和曲线。直线如罗纹所产生的凹凸线条效果，具有正直、明确、强硬的偏于男性化风格。曲线则较为感性化，如绞花组织形成的曲线效果，具有螺旋上升的律动感，优雅、温柔并偏于女性的风格。组织结构设计中，面即为每个组织循环单元的扩大，或线的增宽。在针织组织设计中，常常以不同组织单元面的组合形式出现，以增加服装的肌理效果。面又分为直线面和曲线面，直线面具有庄重、正直、平稳的感觉，曲线面柔和且具有韵律感。

第四节　织物外观效果对时装风格的影响

织物的外观效果一般是原材料的质感和组织结构的特点共同起作用的结果，采用材质、色彩不同的纱线或大小、形状不一的组织结构单元就会形成织物表面不同的外观肌理效果。不同的纱线和组织也可以产生近似的外观肌理效果，那么就各种组织的外观效果进行分类，可以分为以下六大类。

一、条状外观效果

条状外观是针织服装特色的表现手法，对针织时装风格产生影响。它的美在于简洁、理性、规律、秩序和可重组性。一般情况条纹外观结构比较单一，但通过条纹组合的排列、疏密、方向、色彩的变化等，可以形成丰富的肌理表达。

（一）正反针组合

按照图案要求在不同组织的基础上，通过对织针工作进行选择，对图案部分进行翻针，形成凹凸的外观。但运用此原理形成的条状凹凸外观效果在成形针织时装中非常常见。例如，在纬平组织上进行的正反针组合变化，大面积的反针上穿插几行正针，形成竖条型的凹凸效果，配以彩色渐变纱线，简约中带点时尚。

（二）双反面组织

双反面组织通过正面线圈横列和反面线圈横列的交替配置形成圈弧在外的横向条状外观。按照设计要求，将正反针横列增减，可以得到宽窄不同的横向凹凸条纹效应。

（三）谷波组织（凸条）

谷波组织是在满针罗纹组织（四平）的基础上，关闭某一针床三角使之不工作，只有单一针床参加编织，编织若干横列后，再前后针床一起编织满针罗纹组织。由于静止针床线圈的牵拉作用，使织物呈现单面的凹凸横向条纹效应。在实际应用中，可以在纬平针基础上，编织1行满针罗纹（四平），通过前针床编织做谷波，再将后针床织针翻至前针床实现。

通过纱线的变化可以得到不同的条纹效应。如图1-8所示，为双色谷波组织编织图，6路一循环为例，1路、6路由色纱1编织满针罗纹（四平），2路、3路、4路、5路由色纱2单针床编织，色纱1在两个针床编织为地纱，色纱2只在单针床编织为花色纱。那么织物反面只呈现色纱1的颜色，正面是色纱1和色纱2的交替条纹效果。在设计中，可以通过增加色纱的种类和颜色来丰富织物的外观条纹效应。另外通过调整密度大小，变化线圈长度，可使谷波组织的肌理效应更明显。

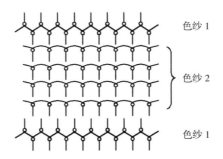

图1-8　双色谷波组织（凸条）编织图

　　谷波组织（凸条）通过改变编织纵密、增加编织色纱种类等得到丰富的织物条状外观。随着电脑横机技术的应用，更多新颖的织物肌理效果进一步研究和开发出来。不仅可以形成整行的谷波（凸条）效果，也可局部自由地编织谷波（凸条）。图1-9为单面局部谷波制板编织图，也可以进行提花组织的谷波（凸条）设计，还可变换方向形成斜向谷波（凸条）等，为局部谷波（凸条）组织与罗纹组织的组合设计。谷波组织的条状外观效果与平针彩条效果相比立体感较强，前卫、时尚的针织时装风格易于表现。运用在女装的设计中，风格更显活泼、俏皮。

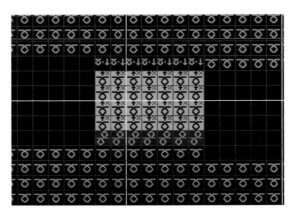

图1-9　单面局部谷波制板编织图

（四）罗纹组织

　　罗纹组织在过去的针织设计中，主要以其独特的功能性（如良好的弹性）应用到服装设计中，作为领口、袖口的边组织。但在以装饰性为主体的设计中，罗纹则以其独特的条状外观，受到设计师的青睐。

　　罗纹的肌理特征是由线条组合而成，可以通过纱线粗细、织物密度、正反线圈数来改变线条的宽窄。通过线条的宽窄变化、线的方向变化，使罗纹组织具有丰富的表现力和视觉导向作用。在成形针织时装中，通过罗纹线条的动静、宽窄、疏密变化的和谐统一，可以很好地表现服装的风格。全身可以采用质朴简洁的1×1、2×1、2×2罗纹等产生纵向的分割效果，立体且有纵向拉长修身的效果；也可采用宽窄不同的罗纹，给人活泼跳动的感觉；也可借鉴梭织上的斜裁法将各个方向的罗纹组合在一起，形成生动的流线感。

通过罗纹的宽窄变化、线的方向性变化，使线条具有丰富的形态，富有节奏变化和韵律感。

（五）抽条组织

抽针形成的浮线条状外观，具有大胆夸张的艺术风格。这种效果常用于春夏装的设计中，具有性感、个性、神秘的气质。如果运用金属纱线等特殊效果纱线会体现前卫、时尚个性的风格。此组织形成的条状外观效果可以全身大面积地使用，也可作为局部的点缀，组合各种图案效果。此组织兼具透气与美观两大特征，朦胧中带有几分性感，时尚中带有几分神秘，图1-10为抽针形成的浮线效果。

图1-10　抽针形成的浮线效果

（六）夹色

在单面或双面组织的基础上，通过变换纱线编织而成的横条状外观效果，可称为夹色效果。设计时通过变换编织纱嘴，运用双色或多色纱线进行交替地编织，改变线圈横列数形成宽窄不同的条纹。规律的色彩变化形成渐变、律动的效果，无序的排列给人纵横交错的视觉感受。

条纹状外观是针织服装中最常见的肌理效果，在成形针织服装风格设计上有着更大的变化空间。通过线条的组合变化可以表达各种风格的服装，前卫个性、简约经典、优雅浪漫、休闲运动等。条纹状外观是表现前卫风格的最佳服饰语言，由于条纹本身就有视觉分割和视觉引导作用，设计师利用这一点进行服装结构的划分或装饰的设计。在此类服装中条纹多以发射或不规则的形状分布，视觉感强烈，呈现出个性、前卫时尚的风格。条纹是最简单的装饰图案，常以规律的条纹状组合为主，或宽或窄，或深或浅，表现简约经典风格的内涵和品位。优雅浪漫风格的特征是优雅、飘逸、极具女性美感，常以轻松灵动的条纹结合柔和自然的色彩，轻薄的质感，分布在服装的全身。运用针织面料很好的悬垂性，并在宽松的款式中运用各种条纹，可以体现出针织服装休闲自然的风格。

二、波纹效果

（一）扳花组织

扳花组织形成的波纹效果可以采用不同的组织、排针方式、摇床的次数和不同的针数、移针等形成不同的曲折效应。单一针床全部工作，另一针床有规律的间隔7针，1针参加编织，每编织1转向左（或向右）移动针床，编织3转后每编织1转向右（或向左）移动针床，如此往复。织物反面就形成了外观如同小辫子状的波纹曲折效果，其流畅的波纹具有优美的韵律感，作为局部或全身的设计，适合表现时尚的风格设计，如图1-11为摇床形成的扳花组织。

图1-11 扳花组织的曲折波纹效果

（二）正反针组合

其形成方式是根据花形设计要求，某些织针编织正面线圈，某些织针编织反面线圈，从而形成波纹状的曲折外观效果。

（三）袋状卷边波纹

袋状卷边波纹效果是利用纬平织物的卷边性通过罗纹与双面纬平组织组合而成。它的形成方式有两种，一是在罗纹组织的基础上，将前针床的部分线圈移到后针床，然后在前针床重新起头编织，为避免牵拉力不够产生线圈上浮，可采用一隔一出针编织，编织若干转双面纬平组织后，前后针床编织罗纹，该组织形成袋状的卷边波浪效果。二是在满针罗纹编织的基础上，进行双面纬平组织的编织，编织若干转后，将部分织针间隔数针进行锁针，然后起针编织罗纹组织。但此方法由于工艺上锁针要求难度较大，所以只适合局部效果的设计。

（四）移针形成的波纹（挑孔、绞花、阿兰花、浮线）

在基本组织的基础上按照花纹要求将某些线圈进行移圈，形成波纹状的外观效果，如挑孔组织（网眼纱罗组织）形成的网眼波纹效果、绞花组织的螺旋波纹效果、阿兰花组织的曲折波纹效果等。绞花是通过相邻若干线圈交换位置而形成的螺旋波纹效果，纱线越粗、密度越小、移位针数越多，绞花的波纹效果越明显。移针形成的波纹效果为较柔软的曲线，适合休闲、前卫、时尚的风格表现。连续的绞花构成曲线波纹效果设计在针织时装的各个部位，并以各个方向配置，具有强烈的视觉冲击和装饰的时尚感。

通过抽针形成的浮线组织按照花纹要求，纬平组织上，在浮线部分将某一织针参加工作并有规律的移圈，就会形成曲折的波纹外观。也可在满针罗纹的基础上，单一针床全部工作，另一针床按照花形要求部分织针不参加编织，浮线部分通过单针有规律的移圈形成曲折的外观效果。

三、花形图案效果

花形图案效果为针织时装的设计提供了更大的发展空间，梭织服装的设计往往受到面料本身图案的制约，而成形针织服装在花形图案的表达上则有更大的自由发展空间。多姿多彩的图案构成了针织服装一个独特的风景线，花形图案大体分为两种：具象图案和抽象图案。

（一）具象图案

具象图案主要由提花组织和嵌花组织来实现，这两种组织形成的具象花形图案色彩丰富、形象逼真，这是梭织面料无法比拟的。图案的选择和色彩的搭配是形成花色效果的关键。童装中图案主要以动物、卡通、漫画等具有童趣的图案为主，色彩通常鲜艳活泼；女装中常以花卉、人物、民族纹样、绘画作品等作为图案来源，色彩运用上灵活多样，或是简洁优雅，或是极具异国风情；男装中，应用具象图案的设计比较少见。

提花组织的图案效果是秋冬时装中常见的装饰图案，其特点是花形逼真、图案清晰、色彩多变。在设计提花组织的图案时，应充分考虑图案效果和工艺的可操作性。小而连续的图案多以单面提花组织编织，色彩通常采用两种，地纱和花纱。同色的花型不宜太大，因为编织太大花型形成的浮线过长，影响织物的美观和穿着牢度，易造成抽丝的现象。典型的花型有费尔岛花型、雪花纹样以及具象的波谱图案等，如需设计较大的花型则需进行特殊的工艺处理。双面提花组织对具体的花型没有过多要求，大小均可。提花组织的织物一般较为厚重，适合秋冬的时装设计，较适合休闲的、具有民族风情的时装风格。嵌花组织形成的图案轮廓较为简化，对那些不妨碍大局的配色和图案都可简化。

（二）抽象图案

抽象图案在服装中体现为提花组织形成的各种几何图案，如菱形格、棋盘格、波尔卡圆点以及通过正反针组合形成的方形格、三角形图案和嵌花组织形成的纵向条状图案等。通过组织变化和色彩变化形成的菱形格是针织时装中最常见的抽象图案，它可跳跃不同的年龄阶段，风格极其多变。菱形图案本身就具有简洁、大方、高贵、沉稳的气质，因此它受到各行业设计师的青睐，在服装中的表现最为丰富。菱形图案连续组合在女装中的运用，使服装具有沉稳、高雅的风格特征。移圈组织按照图案要求，通过规律地移圈，形成网眼的菱形外观在女装和男装设计中都极为常见。

圆点在针织时装中一直站在时尚的前沿，可以衬托甜美可爱的女性气质。将提花组织形成的大小不同、排列不同的圆点运用到女装设计中，可以产生均衡、活泼、跳动的风格，较多应用到年轻女装的设计中。在这种图案的映衬下，服装结构较为弱化，圆点的大小、分布及色彩的搭配更能突出服装的风格特征。纯度和明度较低的圆点，同色系不同明度的色彩组合较为适合优雅浪漫的风格表现。在甜美可爱的风格中，圆点色彩的纯度和明度对比较为明显，大小及分布也较为不规律，更能突出少女活泼多变的风格。

通过正反针组合形成的各种几何图案，如方形格、三角形等，在时装设计中应用广泛。采用细纱线进行正反针编织形成渐变的方形格，打破了方形格的中规中矩，更能突出精致的图案效果，体现时尚、优雅的风格。采用粗纱线编织的方形图案，在局部或全身使用，更能突出凹凸的肌理感，体现女装粗犷、休闲的一面。三角形的图案，更具有沉稳、独立的特性，更能凸显针织服装的力量感。三角图案的组合，活跃而多变，沉稳而不浮夸，较为适合男性的服装表现。

典型的以色彩图案效果为设计点的针织时装品牌如米索尼，以抽象的几何图案及多彩的线条为设计特点，将鲜艳的色彩与繁复的图案结合在一起，并充分利用色与色之间的和谐、对比设计出动静结合具有强烈的视觉效果的米氏风格时装。具有东方特色的邓皓女装，也以色彩和图案为时装设计的重点，服装风格适合人群为高贵典雅的成熟女性。图案多以花卉为设计和创意元素，表现出具有较强民族感的风格，体现女性的精致、优雅。

四、镂空效果

镂空具有与生俱来的神秘、性感的特征，受到很多设计师的青睐。通过特殊的质感纱线和编织手法可以形成丰富多彩的镂空肌理，使针织服装具有理性、性感、神秘等多重气质。

通过纱线粗细、质感变化搭配不同的组织结构可以形成织物的薄厚、疏密、虚实等具有通透感的镂空效果，如移圈形成的网眼效果、集圈形成的凹凸网眼效果、脱圈形成的梯脱效果、抽针形成的浮线效果以及多种组织综合运用形成的仿撕裂效果。

移圈形成的镂空网眼效果具有美观、轻薄、透气的特点，可以通过网眼规则或不规则的分布，形成各式各样的花纹，适宜表现经典、浪漫、时尚的风格。这时对于镂空网眼的设计就在于细致了，网眼一般在纱线较细的针织衫上形成连续花型，讲究精致，花型要与风格相符。花纹设计还要考虑织物的保型性和着装状态，孔洞不宜太大且要有较为稳定的联结方式。挑花组织形成的网眼效果，全身规则地分布，精致的图案，简约的造型更能凸显都市女性简约时尚的风格。而粗纱线形成的网眼效果主要强调织物的虚实、凹凸地对比变化，以及织物本身所产生的肌理效果，常用于休闲风格设计中。

通过抽针形成的浮线镂空效果与抽针针数和抽针方式有关，其不规则的分布具有神秘性感的气质。这种组织常用于春夏装及礼服的设计中，通过不同材质、不同颜色纱线的变化与浮线效果地完美结合，形成各种各样的时尚风格。例如，采用色彩较为朴素且较粗的毛、棉纱线，通过较短浮线的全身规则分布，配以宽松的造型，体现休闲自然的风格。由于浮线较短，通透感不强，浮线的肌理仿佛切口。如果采用特殊材质的纱线如金属丝、闪光长丝等配以较长的浮线设计，可以形成前卫时装风格。通过抽针方法形成的镂空效果较为规律，但通过抽针与移圈等组织的复合设计可以形成不规则的镂空效果，在前卫风格女装设计中非常常见。

脱圈形成的仿撕裂的自然效果常应用于时尚风格和前卫风格的时装中，具有大胆夸张的艺术效果。在编织过程中，某些线圈由于被停止编织、移开、拉伸或者脱掉，就会在织物上形成孔洞，类似于面料被撕裂。

五、皱褶效果

皱褶在服装中较为常见，但在成形针织服装中主要通过编织方式、组织结构、纱线变化和工艺形成面料的皱褶效应，给人以视觉的美感和丰富的肌理感受。比较丰富且凹凸肌理感强的皱褶效果较适合表现前卫风格和时尚风格，皱褶较小且肌理感不是很明显的织物通常适合在经典风格的局部运用。

（一）改变线圈的弯纱长度

通过改变线圈的弯纱长度和局部编织的基本组织可以形成织物表面的绉褶效应。普通横机上由于没有自动变换弯纱长度装置，所以编织较为困难，通常采用借助后针床织针成圈然后退圈的原理使局部的弯纱长度增大，形成类似泡状的绉褶效应。但电脑横机进行此类编织时，可以全身或局部进行弯纱长度的改变，形成较为立体的皱褶效应。

（二）移针

编织中通过线圈移针，将相邻织针上的线圈挂在同一织针上形成皱褶效果，皱褶的大小随着并针的多少而改变，并针越多皱褶效果越明显。纬平组织通过局部编织，加针、减针编织方式形成开口状的绉效应，这种肌理的凹凸和皱褶也随着单元加减针针数的不同而不同。凹凸的肌理、均匀的分布给服装增添了立体感。

（三）集圈

纬平组织上进行不完全集圈形成皱褶效应，根据集圈与平针的排列不同形成不同的绉褶外观，如果采用弹力收缩不同的纱线进行集圈编织，效果更加明显。

（四）组织组合

通过具有不同伸缩性的组织结构互相配合，可以产生不同的皱褶变化。如集圈组织与纬平组织的组合，由于集圈组织的畦编组织在宽度上宽于纬平组织，所以在两组织的交接处会形成绉褶的肌理，类似于梭织服装中的碎褶效果，将其编织在服装的边缘可以形成荷叶边状。运用同样针数不同伸缩性的组织，如罗纹组织与四平组织的组合可以形成波浪状的皱褶效果，这是针织时装设计的常用元素，极大地丰富了女装的风格。

六、毛羽效果

长毛绒组织形成绒毛状的毛羽外观效果与天然毛皮外观相似，所以有人造毛皮之称。由于纤维材质、粗细、长短的差异，织物的外观也大不相同。这种组织给人蓬松、温暖的肌理感受，类似皮毛优雅、高贵的品质，适合冬季女装的设计。前卫个性，可做全身或局部的装饰。

毛圈组织通过加大对沉降弧的拉长，形成长毛圈的毛羽外观组织。影响其外观的因素是沉降弧的拉长长度，沉降弧拉长越长，其毛圈越大，织物效果越明显。此组织具有夸张的肌理效果且立体感强，常用于秋冬的女装中，装饰效果明显，此组织在前卫风格时装和时尚风格的时装设计中常有所体现。

第二章　规格设计及编织工艺

第一节　成形针织服装的规格设计

一、成形针织服装的规格设计

规格设计不仅关系到服装的舒适性，同时也关系到服装的造型美。规格尺寸是成形针织服装工艺设计、工艺计算的依据。由于针织物具有较好的弹性，因此其规格设计具有特殊性。

成衣规格是指服装各部位尺寸，根据不同款式造型主要由人体净体尺寸、松度共同决定。针织服装由于具有很好的弹性，通常紧身类针织服装会在纱线加入弹力丝，其松度可以是负值，松度量主要由弹力丝的弹力、组织结构和款式决定；合体型服装的松度常规在0~8cm，根据款式不同，组织结构不同，原料不同，其松度也随之变化；市场中流行的宽松廓型服装其成衣规格尺寸可以达到人体净尺寸的2倍以上，主要由服装设计的款式造型决定。

二、成衣主要部位的测量方法

（一）上衣类

（1）胸围：测量的位置点是在袖窿下2 cm处，从一侧的侧缝水平地量到另一侧的侧缝所得尺寸。

（2）衣长：从领肩缝位置量至下摆所需尺寸。

（3）肩宽：从左肩峰点到右肩峰点的尺寸。

（4）领宽：领口的宽度（不含领子尺寸）。

（5）前领深：从肩领合缝处量至前领深处（不含领高）。

（6）肩斜：肩点距上平线的竖直距离。

（7）挂肩：从肩袖合缝处（肩点）量至袖夹底的斜线尺寸。

（8）腰节：从领肩缝位置量至腰节尺寸。

（9）腰围：腰节位置的横量尺寸。

（10）摆围：下摆位置的横量尺寸。

（11）下摆罗纹：衣身下摆位置的罗纹纵向高度。

（12）袖长：装袖的从肩袖合缝处（肩点）向下量至袖口尺寸，插肩袖从后领中心点量至袖口尺寸。

（13）袖宽：袖肥位置横量尺寸。

（14）袖口宽度：袖口横量尺寸。

（15）袖口罗纹：袖口下摆位置的罗纹纵向高度。

上衣测量部位如图2-1所示。

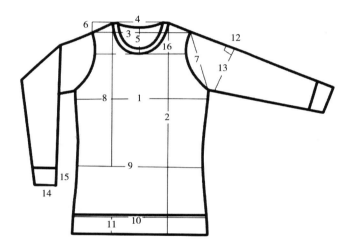

图2-1 上衣测量部位（按序号）

（二）裤装类

（1）裤长：裤腰边至裤口的尺寸。

（2）腰围：裤腰罗纹向下3cm位置的横量尺寸。

（3）横裆：裆底位置，单裤腿横量尺寸。

（4）直裆：裤腰至裆底的垂直距离。

（5）裤口：脚口的横量尺寸。

（6）裤口罗纹：裤口罗纹的纵向高度。

（7）裤腰宽：裤腰的纵向尺寸。

裤子测量部位如图2-2所示。

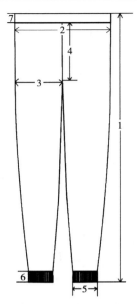

图2-2 裤子测量部位（按序号）

三、成品规格

由于成形针织服装的款式不同、穿着对象不同、地区不同、企业标准不同等对服装成品规格的表示方法也有很大差别。常规的表示方法有号型制、胸围制、代号制等。表2-1~表2-7为一些常见服装的成品规格。

常规的规格尺寸表示方法有公制（厘米），如50，55，60…，90，95，100；英制（英寸），如20，22，24…，36，38，40；代号制，如2，4，6，8；还有M，L，XL……

表2-1 V字领男开衫成品规格　　　　单位：cm

序号	部位	号型								
		80	85	90	95	100	105	110	115	120
1	胸围	40	42.5	45	47.5	50	52.5	55	57.5	60
2	衣长	60.5	62	63.5	65.5	67	67	68.5	68.5	68.5
3	袖长	52	53	54	55	56	57	58	58	58
4	挂肩	20.5	21.5	22	22.5	23	23.5	24	24.5	24.5
5	肩宽	36	37.5	39	40	41	42	43	43	43
6	下摆罗纹	5	5	5	5	5	5	5	5	5

续表

序号	部位	号型								
		80	85	90	95	100	105	110	115	120
7	袖口罗纹	4	4	4	4	4	4	4	4	4
8	后领宽	9.5	9.5	9.5	10	10	10	10.5	10.5	10.5
9	领深	23	23	25	25	26	26	27	27	27
10	门襟宽	3.2	3.2	3.2	3.2	3.2	3.2	3.2	3.2	3.2
11	袋宽	11.5	11.5	11.5	11.5	11.5	11.5	11.5	11.5	11.5

表2-2　V字领男套衫成品规格　　　　　　　　　　单位：cm

编号	部位	号型								
		80	85	90	95	100	105	110	115	120
1	胸围	40	42.5	45	47.5	50	52.5	55	57.5	60
2	衣长	59	60.5	62	64	65.5	65.5	67	67	67
3	袖长	52	53	54	55	56	57	58	58	58
4	挂肩	20	21	21.5	22	22.5	23	23.5	24	24
5	肩宽	36	37.5	39	40	41	42	43	43	43
6	下摆罗纹	5	5	5	5	5	5	5	5	5
7	袖口罗纹	4	4	4	4	4	4	4	4	4
8	后领宽	9	9	9	9.5	9.5	9.5	10	10	10
9	领深	20	20	22	22	23	23	24	24	24
10	领罗纹	2.5	2.5	2.5	2.5	2.5	2.5	2.5	2.5	2.5

表2-3　V字领男背心成品规格　　　　　　　　　　单位：cm

编号	部位	号型								
		80	85	90	95	100	105	110	115	120
1	胸围	40	42.5	45	47.5	50	52.5	55	57.5	60
2	衣长	57	58.5	60	62	63.5	63.5	65	65	65
3	挂肩罗纹	2.5	2.5	2.5	2.5	2.5	2.5	2.5	2.5	2.5
4	挂肩	21	22	22.5	23	23.5	24	24.5	25	25
5	肩宽	36	37.5	39	40	41	42	43	43	43
6	下摆罗纹	5	5	5	5	5	5	5	5	5
7	后领宽	9	9	9	9.5	9.5	9.5	10	10	10
8	领深	20	20	22	22	23	23	24	24	24
9	领罗纹	2.5	2.5	2.5	2.5	2.5	2.5	2.5	2.5	2.5

表2-4 男长裤成品规格   单位：cm

编号	部位	号型					
		80	85	90	95	100	105
1	裤长	94	96	98	100	102	104
2	腰围	30	32.5	35	37.5	40	42.5
3	横裆	20	21.25	22.5	23.75	25	26.25
4	直裆	35	36	37	38	39	40
5	裤口宽	10	10	10	10	10	10
6	腰罗纹高	3	3	3	3	3	3
7	方块	13	13	13	13	13	13

表2-5 圆领女开衫成品规格   单位：cm

编号	部位	号型						
		80	85	90	95	100	105	110
1	胸围	40	42.5	45	47.5	50	52.5	55
2	衣长	56.5	57.5	59.5	60.5	60.5	61.5	61.5
3	袖长	48	49	50	51	52	53	53
4	挂肩	19.5	20	20.5	21	21.5	22	22.5
5	肩宽	34	35	36	37	38	39	40
6	下摆罗纹	4	4	4	4	4	4	4
7	袖口罗纹	3	3	3	3	3	3	3
8	后领宽	8.5	8.5	8.5	9	9	9	9
9	领深	6	6	6	6.5	6.5	6.5	6.5
10	门襟宽	3	3	3	3	3	3	3
11	领罗纹	2.5	2.5	2.5	2.5	2.5	2.5	2.5

表2-6　圆领女套衫成品规格　　　　　　　　　　　　　　　单位：cm

编号	部位	号型						
		80	85	90	95	100	105	110
1	胸围	40	42.5	45	47.5	50	52.5	55
2	衣长	55	56	58	59	59	60	60
3	袖长	48	49	50	51	52	53	53
4	挂肩	19	19.5	20	20.5	21	21.5	22
5	肩宽	34	35	36	37	38	39	40
6	下摆罗纹	4	4	4	4	4	4	4
7	袖口罗纹	3	3	3	3	3	3	3
8	后领宽	8.5	8.5	8.5	9	9	9	9
9	领深	6	6	6	6	6	6	6
10	领罗纹	2.5	2.5	2.5	2.5	2.5	2.5	2.5

表2-7　女长裤成品规格　　　　　　　　　　　　　　　单位：cm

序号	部位	号型					
		80	85	90	95	100	105
1	横裆	20	21.25	22.5	23.75	25	26.25
2	裤长	91	93	95	97	99	101
3	直裆	34	35	36	37	38	39
4	方块	13	13	13	13	13	13
5	腰罗纹	3	3	3	3	3	3
6	裤口罗纹	10	10	10	10	10	10
7	腰围	30	32.5	35	37.5	40	42.5

第二节 工艺计算方法和设计内容

一、工艺计算方法与原则

成形针织服装的工艺计算，是以织物组织密度为基础的，根据服装的成品尺寸计算其针数、转数、加减针分配，同时应考虑织物组织特性、原料、工艺特点、损耗等因素。

成形针织服装的工艺计算方法不是唯一的，不同地区、不同企业、不同工艺人员都有自己的习惯与经验，但基本原理是相同的。

工艺设计以上衣为例，一般先算后片工艺，再算前片工艺、袖子工艺，再到附件。通常先算针数，再算转数，最后到加减针分配。

二、工艺设计内容及流程

（一）产品分析

（1）根据设计或来样分析其织物的原料、款式造型特点、组织花型、产品规格等。

（2）分析组织花型的结构、工艺参数、拉密等。

（3）选用编织机的机型与机号。

（4）分析缝制工艺和损耗等。

（5）分析服装的后整理、装饰工艺等。

（二）试样

（1）试小样片，确定织物的外观、手感、拉密、回缩等。

（2）根据分解的衣片各部位规格尺寸，成品密度进行编织工艺计算。

（3）试制样品。

（4）修正。

（5）制定生产工艺。

三、套衫工艺计算方法（图2-3）

（一）前、后片工艺计算

1. 针数

下摆宽：下摆尺寸×横密+缝耗。

胸围宽：胸围尺寸×横密+缝耗。

肩宽：（肩宽-修正值1.5cm）×横密+缝耗。

挂肩单边收针数：（胸围针数-肩宽针数）÷2。

领宽：（领宽-修正值）×横密-缝耗（注意领子测量方法）。

单肩宽针数：（肩宽-领宽）÷2。

领中留针数：领宽×0.33（具体针数根据款式和生产效率决定）。

领单边收针数：（领宽-领中留针数）÷2。

备注：如果2×1罗纹没有特别要求，起始针数应为3的倍数。

2. 转数

衣长：（衣长-下摆高）×直密+缝耗。

肩斜：肩斜尺寸×直密。

领深：领深尺寸×直密（注意测量方法）。

挂肩：（挂肩-修正值）×直密。

挂肩以下转数：衣长转数-挂肩转数-肩斜转数。

下摆高转数：下摆高尺寸×下摆组织直密。

（二）袖片工艺计算

1. 针数

袖口宽：（袖口尺寸+修正值）×2×横密+缝耗。

袖山宽：（挂肩尺寸×2÷3-修正值）×横密。

袖宽：（袖宽尺寸+修正值）×2×横密+缝耗。

2. 转数

袖长：（袖长尺寸-袖下摆尺寸-修正值）×直密+缝耗。

袖山高转数：（挂肩尺寸×2÷3+修正值）×直密。

加针转数：（袖长–袖山高–下摆）×直密。

罗纹转数：罗纹高尺寸×罗纹直密。

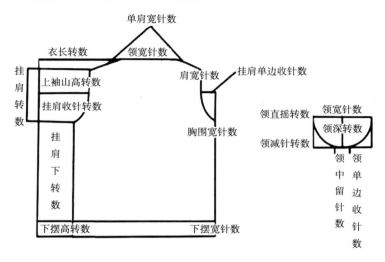

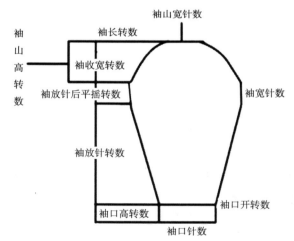

图2-3　衣身、袖片各部位针数、转数

四、裤装工艺计算方法

裤口：裤口尺寸×2×横密+缝耗。

横裆：横裆尺寸×2×横密+缝耗。

腰围：裤腰尺寸×横密+缝耗。

裤腿加针针数：横裆针数–裤口针数。

裤长：（裤长-罗纹高-修正值）×直密。

直裆：直裆尺寸×直密。

直裆以下转数：裤长转数-直裆转数。

第三节　V领男背心编织工艺

一、款式分析

V领男背心采用背肩的收针方式形成斜肩，前身不收肩，后身为2倍的肩斜量，其款式如图2-4所示。V领男背心的衣身为纬平针组织；下摆、领和挂肩带组织为2×1罗纹。

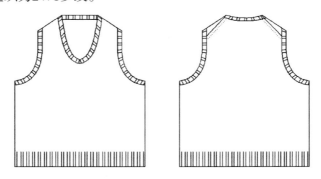

图2-4　V领男背心正、背面款式图

二、成品尺寸

V领男背心前身胸围比后身胸围宽2cm，肩斜4cm，其中肩宽包含挂肩带，挂肩为挂肩带外口测量值（表2-8）。

表2-8　V领男背心规格尺寸表

序号	1	2	3	4	5	6	7	8	9	10	11
部位	胸围	衣长	肩宽	挂肩	领宽	前领口深	后领口深	领高	挂肩带宽	下摆高	后收肩
规格（cm）	100	66	38	25	15	23	2	2.5	2.5	5	8

三、工艺参数

V领男背心的编织工艺参数主要由纱线种类及细度、织物密度等决定，如表2-9所示。

表2-9　V领男背心编织工艺参数

组织	机型	密度			
大身纬平针，领、下摆、袖口2×1罗纹	7G	2×1罗纹密度		纬平针密度	
		横密	直密	横密	直密
		4.0针/cm	4.3转/cm	3.5针/cm	2.7转/cm

四、针织工艺参数计算

（一）后片工艺计算

（1）胸围针数=（50-1）×3.5针/cm+4≈175针。

（2）肩宽针数=（38-2×2.5）×3.5针/cm+4=119.5针，取119针。

（3）领宽针数=15×3.5针/cm-4≈49针。

（4）挂肩单边收针数=（175-119）÷2=28针。

（5）单肩宽针数=（119-49）÷2=35针。

（6）衣长转数=（66-5）×2.7转/cm+1≈166转。

（7）后身挂肩转数=（25-4）×2.7转/cm≈57转。

（8）肩斜转数=8×2.7转/cm≈22转。

（9）挂肩以下转数：166-57-22=87转。

（10）下摆罗纹转数=5×4.3≈21转。

（11）袖夹收分配：

　　　①夹边平收6针。

　　　②2-3×4。

　　　③2-2×3。

　　　④3-2×2。

　　　⑤直摇37转

（12）肩收针分配：

　　　①1−1×5。

　　　②1−2×15。

　　　③直摇2转。

（二）前片工艺计算

（1）胸围针数=（50+1）×3.5针/cm+4=182.5针，取183针。

（2）衣长转数=（66−5）×2.7转/cm+1≈166转。

（3）前片挂肩转数=（25+4）×2.7转/cm≈79转。

（4）前片下摆罗纹转数=5×4.3转/cm=21.5转，取21转。

（5）前片领深转数=23×2.7转/cm≈62转，取62转。

（6）前片挂肩以下转数=后身挂肩以下转数=87转。

（7）袖夹收针分配：

注：比后身减针多减2次，平收多收3针。

　　　①夹边平收9针。

　　　②直摇55转。

　　　③2−3×5。

　　　④2−2×3。

　　　⑤3−2×3。

（8）前肩宽针数为111针。

（9）前片单肩针数=后片单肩收针数=35针。

（10）领宽针数=111针−35针×2=41针。

（11）领收针分配：

　　　①中留1针。

　　　②6−2×10。

　　　③直摇2转。

（三）附件工艺计算

领：（1）领周长=前领弧长×2+前领平位长+后领宽。

　　（2）领长排针数=领周长×横密。

　　（3）领高转数=领高尺寸×纵密。

　　（4）后领排针数。

　　（5）前领弧排针数。

肩带：（1）挂肩×2×横密。

　　　（2）肩带宽×纵密。

五、编织工艺操作图（图2-5）

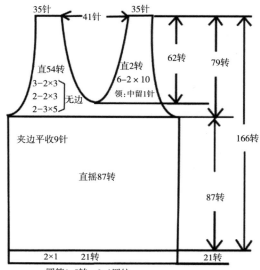

圆筒1.5转　2×1罗纹

前片：起始针 183针

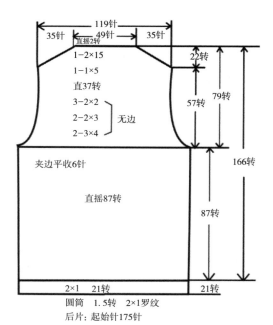

圆筒　1.5转　2×1罗纹

后片：起始针175针

图2-5　前、后衣片编织工艺图

第四节 圆领女套衫编织工艺

一、款式分析

圆领女套衫造型适体，本款为收腰款，肩部有倾斜度，腰部合体，袖子合体，袖中线向下倾斜。圆领女套衫衣身、袖身组织为纬平针；下摆、袖口组织为双层纬平针（圆筒）；领为纬平针双层包缝（图2-6）。

圆领女套衫的前片肩部向后折1cm，前片两侧部位共向后折1cm，腰部两侧各收进2.5cm，袖山头宽12cm，肩斜是在成衣时收针形成。

图2-6 圆领女套衫款式图

二、规格尺寸（表2-10）

表2-10 圆领女套衫规格尺寸表

序号	1	2	3	4	5	6	7	8	9	10	11	12	13	14	15
部位	胸围	衣长	腰围	肩宽	挂肩	腰节	袖长	袖宽	前领口深	后领口深	领口宽	领高	肩斜	下摆高	袖口宽
规格（cm）	88	57	78	36	21	38	55	30	11	2	17	2	3	1.8	8.5

三、工艺参数（表2-11）

圆领女套衫的编织工艺参数主要由纱线种类及细度、织物密度等决定。

表2-11 圆领女套衫编织工艺参数表

组织	机型	密度			
大身纬平针 领、下摆、袖 口双层纬平针	12G	2×1罗纹密度		纬平针密度	
		横密	直密	横密	直密
		6.3针/cm	9.2转/cm	6.3针/cm	4.6转/cm

四、编织工艺参数计算

（一）后片工艺计算

（1）后片胸围针数=（88/2-1）×6.3针/cm+4≈275针。

（2）后片起针数=后身胸围针数=275针。

（3）后片肩宽针数=36×6.3针/cm+4=230.8针，取229针。

（4）后片领宽针数=17×6.3针/cm-4≈103针。

（5）后片腰围针数=（78/2-1）×6.3针/cm+4≈243针。

（6）后片衣长转数=（57-1.8-1）×4.6转/cm+1≈250转。

（7）袖夹以上转数=（21-1+3-1）×4.6转/cm+1≈102转。

（8）后肩斜转数=3×4.6转/cm≈14转

（9）袖夹以下转数=250-102=148转。

（10）后身下摆转数=1.8×4.6转/cm×2≈17转。

（二）前片工艺计算

（1）前片胸围针数=（88/2+1）×6.3针/cm+4≈287针。

（2）前片起针数=前片胸围针数=287针。

（3）前片肩宽针数=后片肩宽针数=229针。

（4）前片领宽针数=后片领宽针数=103针。

（5）前片腰围针数=（78/2+1）×6.3针/cm+4=256针，取255针。

（6）前片衣长转数=（54.2+2）×4.6转/cm+1≈259转。

（7）前袖夹以下转数=后袖夹以下转数=148转。

（8）袖夹以上转数=259–148=111转。

（9）前肩斜转数=后肩斜转数=14转。

（10）前片下摆转数=后身下摆转数=18转。

（11）前片领深转数=（11+1）×4.6转/cm≈55转。

（三）袖片工艺计算

（1）袖宽针数=30×6.3针/cm+4=193针，取191针。

（2）袖山针数=12×6.3针/cm+4≈79针。

（3）袖口针数=8.5×2×6.3+4≈111针。

（4）袖身转数=（55–1.8–1）×4.6转/cm+1≈240转。

（5）袖山转数=前后挂肩收针转数/2+1=67转。

（6）袖口转数=1.8×4.6转/cm×2≈17转。

五、编织工艺操作图（图2-7～图2-10）

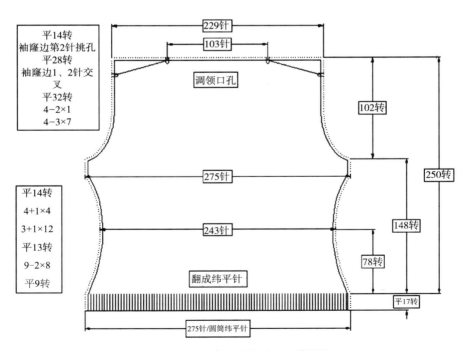

图2-7　圆领女套衫后片编织工艺操作图

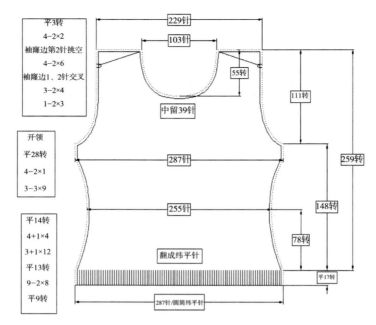

图2-8　圆领女套衫前片编织工艺操作图

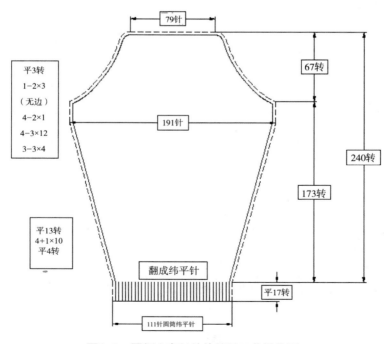

图2-9　圆领女套衫袖片编织工艺操作图

上纱
平2转
松1/2
平17转
松1/2

20转

325针/纬平针：纱上梳

图2-10 圆领女套衫领片编织工艺操作图

第五节 男长裤编织工艺

一、款式分析

男长裤是成形针织裤装类的典型款式，下摆脚口罗纹为1×1，腰口罗纹1×1连折，大身为纬平针组织（图2-11）。

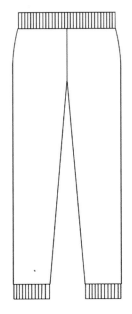

图2-11 男长裤款式图

二、成品尺寸（表2-12）

表2-12 男长裤成品规格表

序号	1	2	3	4	5	6	7	8
部位	裤长	腰围	横裆	直裆	方块	腰罗纹	裤口罗纹	裤口
规格（cm）	100	37.5	23.75	38	13	3	10	14

三、工艺参数（表2-13）

表2-13 工艺参数表

组织	机型	密度			
大身纬平针裤口、腰为1×1罗纹	6G	2×1罗纹密度		纬平针密度	
		横密	直密	横密	直密
		3.5针/cm	3.1转/cm	3.0针/cm	2.05转/cm

四、工艺计算

（一）裤片针数计算[PA(横向密度)、PB（直向密度）]

（1）裤片罗纹针数=裤口尺寸×2×PA（纬平针）+缝耗。
（2）横裆针数=横裆尺寸×2×PA（纬平针）+缝耗。
（3）腰围针数=腰围尺寸×PA（纬平针）+缝耗。

（二）裤片转数计算

（1）裤口罗纹转数=裤罗纹长×PB（罗纹）。
（2）裤腰罗纹转数=裤腰罗纹高×2×PB（罗纹）+缝耗。备注：裤腰折缝。
（3）裤身长转数=（裤长–腰罗纹–裤口罗纹）×PB（纬平）。
（4）净直裆转数=（直裆尺寸–腰罗纹高–方块斜尺寸）×PB（纬平针）。

（5）方块高直摇转数=方块尺寸×PB（纬平）。

（6）裤腿加针转数=裤身长转数−净直裆转数−方块高直摇转数。

（三）加减针分配

（1）裤腿放针分配

3+1×29。

直摇11转。

（2）上裆部分减针分配

直摇9转。

3−1×15。

（四）方块裆工艺计算

（1）针数

方块针数=方块宽×PA（纬平）+缝耗。

（2）转数

方块转数=方块高×PB（纬平）+缝耗。

五、编织工艺操作图（图2-12）

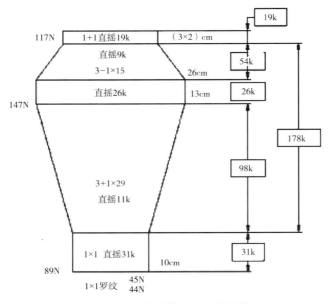

图2-12　裤片编织工艺操作图

第三章 恒强制板程序应用

第一节 恒强制板程序基础应用

电脑横机制板是成形针织产品生产的关键。恒强制板系统是目前各个生产厂家广泛应用的一款制板软件，因此本书是以HQPDS16恒强制板系统为基础进行介绍的。

一、制板界面

恒强制板系统的工作界面主要由菜单栏、工具栏、标尺栏、功能线指示栏、作图区、作图色码区、信息栏、工作区、功能线区等部分组成，如图3-1所示。

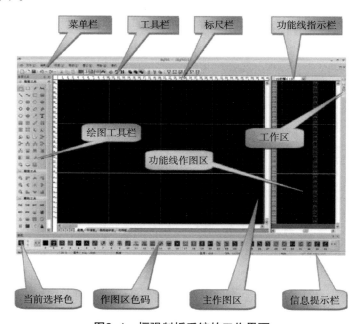

图3-1 恒强制板系统的工作界面

二、快捷键

F1：操作说明书。

F2：回到原点（作图区左下角点）。

F3：切换视图。

注：可设置只切换花样到引塔夏，高级→设置→横机→F3切换"花样引塔夏"打√→确定，如图3-2所示。

图3-2　快捷键界面图

F4：工艺单。

F5：色码递减，如9#、8#、7#……

F6：色码递增，如9#、10#、11#……

F7：模拟视图，如图3-3所示。

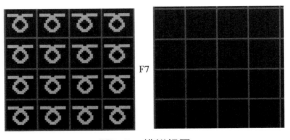

图3-3　模拟视图

F8：提示信息开关，鼠标放到某位置，可提示坐标、色码等信息，如图3-4所示。

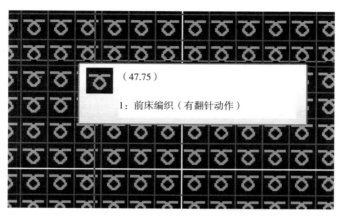

图3-4　提示信息开关

F9：切换网格开关，如图3-5所示。

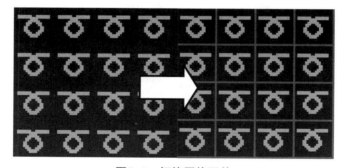

图3-5　切换网格开关

F10：鼠标停到某位置，放到最大。

F11：缩小1倍。

F12：放大1倍。

三、常用绘图工具

：移动工具可拖动，或鼠标右键拖动。

：框选，拖动画布，可进行复制。鼠标右键可关闭，或选区外点一下，再鼠标右键。

✏：画笔，可画任意图案。

┓：折线，可绘制矩形、三角形等，结束时一定回到起始点，双击结束。

＼：直线，可绘制直线、斜线。在工具上鼠标右键，出现直线设置对话框，可选择1隔1、2隔2等，不锁定打√可画各个角度，不打√只能画45°变化的直线，如图3-6所示。

～：曲线，点击第一点，第二点，第三点确定曲线弧度，右键结束。工具右键，可设置多点或两点曲线，如图3-7所示。

▭：空心矩形。

▬：实心矩形。

▢：圆角矩形。

▬：实心圆角矩形。

◯：空心圆形。

●：实心圆形。在具上鼠标右键，输入圆形的宽度、高度，输出。

◇：空心菱形。

◆：实心菱形。鼠标右键，输入宽度、高度，输出，如图3-8所示。通常高度是宽度的倍数，尺寸可根据密度来算出。

◇：多义线，可连续画多个图形，双击结束，如图3-9所示。

✐：选取颜色。

T：文字，输入位置左键单击，可设置文字大小、字体等。

▥：线性复制，框选复制图形，在工具上鼠标右键，可设置线性复制角度，如图3-10所示。

▦：阵列复制，框选复制图形，鼠标拖动复制。

✦：多重复制，鼠标右键，可设置复制批次、数量，如图3-11所示。

▥：水平镜像。

▤：垂直镜像。

▥：镜像复制，上下左右均可镜像。

◥：填充，对封闭区域进行填充。

◥：填充复制区，框选某组织、图案，右键，复制，填充到所需区域。

：换色，框选区域，工具，单击区域，出现替换颜色对话框，可进行设置替换颜色，如图3-12所示。

：填充行。

：喷枪，右键，可设置半径、密度等，如图3-13所示。

：调整大小，可直接增加行数、列数。

：插入行。

：插入空行。

：插入列。

：插入空列。

：删除行，右键可设置删除的行数。

：删除列。

：上边框，单击右键出现边框对话框，可设是否对称、边框宽度等，如图3-14所示。

图3-6　直线

图3-7　曲线

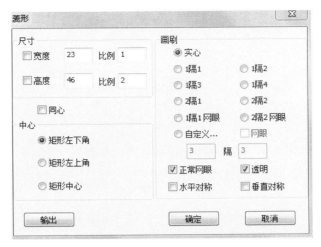

图3-8 实心菱形设置

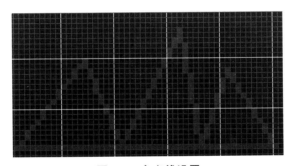

图3-9 多义线设置

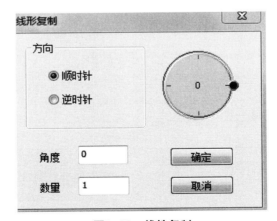

图3-10 线性复制

图3-11 多重复制

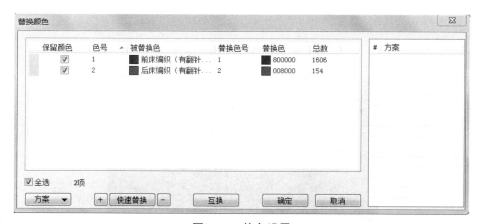

图3-12 换色设置

图3-13 喷枪设置

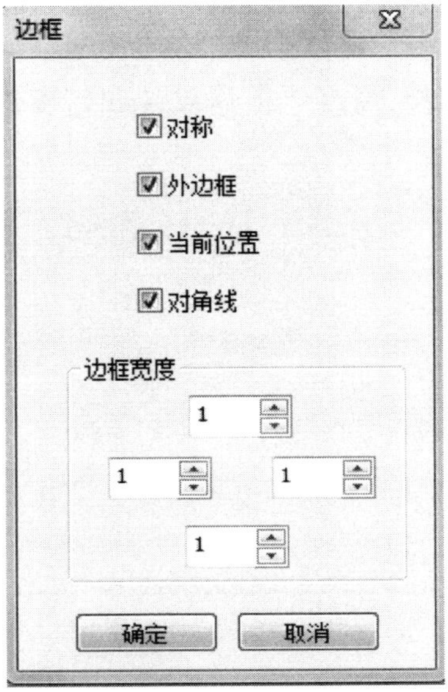

图3–14　上边框设置

：下边框。

：左边框。

：右边框。

：边框。

：擦除。

：旋转框选需要旋转的区域，点击框选工具，出现旋转对话框，点击旋转，输入旋转角度、方向等，确定，如图3–15所示。

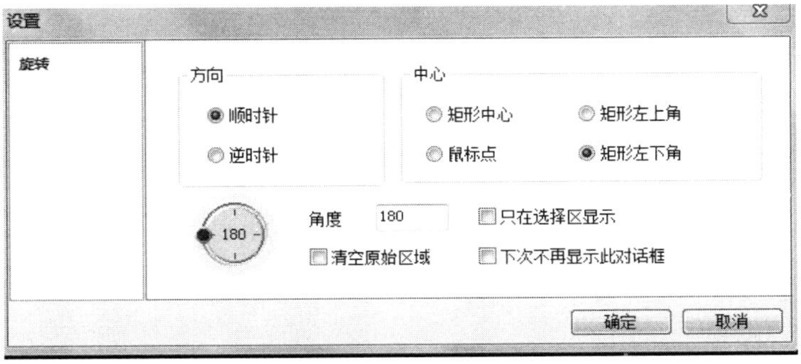

图3–15　旋转设置

 ：拉伸，框选需要拉伸的区域，单击工具，单击区域，出现拉伸对话框，输入新的宽度，高度（根据尺寸和密度进行计算），如图3-16所示。

图3-16 拉伸设置

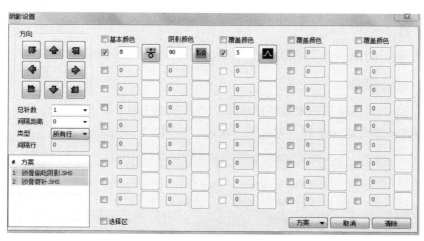 ：阴影，框选需要加阴影的区域，单击工具，单击区域，出现阴影设置对话框，输入基本色、阴影色，点击加引用方向（备注：如果在基本区域左侧添加，需要单击右箭头；如果在右侧添加，需要单击左箭头），如图3-17所示。

图3-17 阴影设置

 ：清除色块。

 ：魔棒。

 ：橡皮擦。

👝：不规则选框。

🎛：镜像所有。

第二节　小片制作

一、新建

机型H2-2系统（非起底板）测试机→针/寸12针→下一步→设置画布大小，512×512→罗纹打√→选择罗纹为1×1罗纹→总针数100→总转数5→大身转数100→前编织→完成（图3-18）。

图3-18　设置画布

二、制板

小片由下向上为（图3-19）：

废纱：行锁定→四平组织→翻针→后编织→前编织→后落布。

主纱：1×1起底→空转1.5转→1×1罗纹5转→过渡行→前编织。

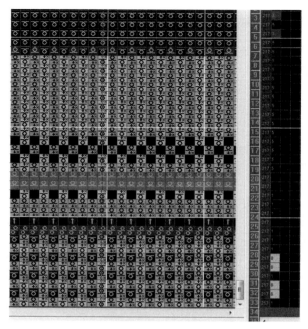

图3-19　制板一

　　上方结束废纱需要手动绘制，矩形工具→8#画16行→填充行工具→将上方废纱最后2行填15#前落布→217功能线下，填1#或8#废纱纱嘴→15#落布行→217功能线下最后一列填1#锁定系统1，如图3-20所示。

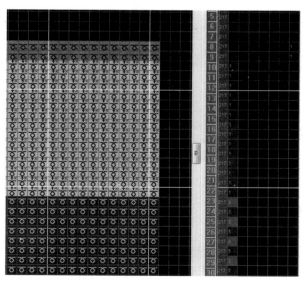

图3-20　制板二

207度目→废纱度目16段→落布度目13段→线性复制→将26度、20度、23度目复制到落布行→横机工具→自动复制度目段，如图3-21所示。

222结束，将结束点调整为最后的落布行填1#，如图3-22所示。

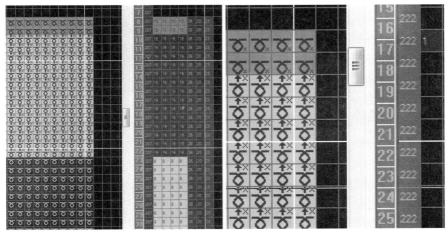

図3-21　制板三　　　　　　　　図3-22　制板四

第三节　工艺单

一、新建

双击恒强制板图标→单击进入→文件→新建→选择机型名H2-2→7针→下一步→设置画布大小1024×2048→完成。

二、工艺单

袖子工艺（图3-23）：

单击工艺单 👕 ，出现工艺单对话框，如图3-24所示。

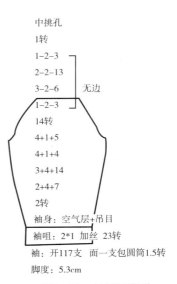

中挑孔
1转
1-2-3
2-2-13
3-2-6　　　无边
1-2-3
14转
4+1+5
4+1+4
3+4+14
2+4+7
2转
袖身：空气层+吊目
袖咀：2*1 加丝 23转
袖：开117支　面一支包圆筒1.5转
脚度：5.3cm

图3-23　袖子工艺单

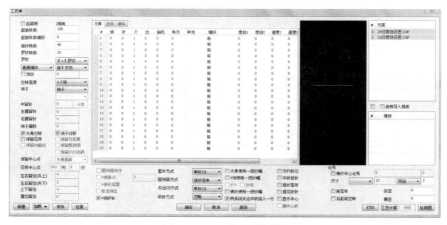

图3-24 工艺单对话框

步骤1：起底板不打√（机器上没有用到起底板）。

步骤2：起始针数117。

步骤3：起始针偏移0（如果袖子不是左右居中对称的可根据情况进行偏移）。

步骤4：废纱转数40（废纱转数根据机型、编织样式、数量进行调整）。

步骤5：罗纹转数23。

步骤6：罗纹2×1罗纹。

步骤7：普通编织（普通编织即为单边，可根据花型组织不同进行选择，如图3-25所示）。

图3-25 步骤7

步骤8：面1支包。

步骤9：空转高度1.5转。

步骤10：领子袖子。

备注：可根据板型所需进行选择。

①V领。

②圆领。

③袖子（所有不涉及领子减针的均可按袖子做）。

④假（吊目）假（移针）等均为做假领，再裁剪缝合，如图3-26所示。

步骤11：大身对称打√。

步骤12：左身下，输入2转加1针7次（先编织2转，再加针）。

步骤13：3转加1针14次。

步骤14：4转加1针4次。

步骤15：5转加1针5次。

步骤16：14转减2针1次。

步骤17：1转减2针2次（14转已减1次）。

步骤18：3转减2针6次。

步骤19：2转减2针13次。

步骤20：1转减2针3次。

步骤21：1转0针1次，如图3-27所示（加针即为正数，减针即为负数）。

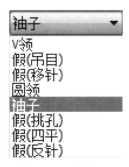

图3-26　步骤10

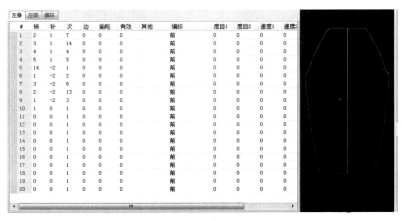

图3-27　步骤21

步骤22：棉纱中心记号打√→输入3（即为向上3行做记号）→选择挑孔，如图3-28所示。

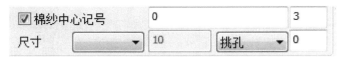

图3-28　步骤22

步骤23：高级→2#纱嘴在左边打√（除了圆领和V领不打√，其他均打√）。

步骤24：高级→其他→加针方式偷吃一次（2），如图3-29所示（通常选用偷吃一次（2），偷吃多次、偷吃2次均可，一般不用纱嘴方向）。

步骤25：确定→确定，出现袖子工艺板型，如图3-30所示。

图3-29　步骤24　　　　　　　　图3-30　步骤25

第四节　宽纱嘴加丝

一、新建

双击恒强制板图标→单击进入→文件→新建→选择机型名H2-2→下一步→设置画布大小1024×2048→完成。

二、工艺单（图3-31）

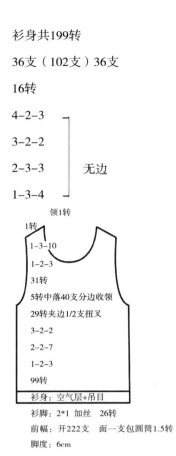

衫身共199转

36支（102支）36支

16转

4-2-3

3-2-2

2-3-3　　　　无边

1-3-4

领1转

1转

1-3-10

1-2-3

31转

5转中落40支分边收领

29转夹边1/2支扭叉

3-2-2

2-2-7

1-2-3

99转

衫身：空气层+吊目

衫脚：2*1　加丝　26转

前幅：开222支　　面一支包圆筒1.5转

脚度：6cm

图3-31　工艺单

步骤1：工艺单→加载→仅仅加载工艺→找到已保存的工艺文件→打开，出现已编辑好的工艺单。

步骤2：在原工艺基础上，本款服装罗纹加丝26转，输入如下：

加丝打√→输入数值26（与罗纹转数相同）。

步骤3：高级→纱嘴与段数→加丝纱嘴为2#（可根据纱嘴自己设置），如图3-32所示，本衣片主纱为5#、3#，加丝纱嘴为2#，如图3-33所示，在218功能线下为2#加丝纱嘴。

图3-32 步骤3-1

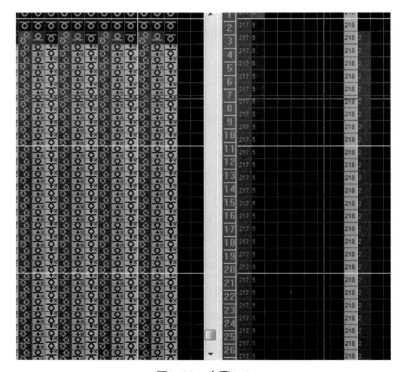

图3-33 步骤3-2

步骤4：如果毛与丝需要在1把纱嘴上进行编织，则需要将加丝√去掉→高级→纱嘴与段数→罗纹纱嘴2打√→6#，如图3-34所示，确定→确定，如图3-35所示。

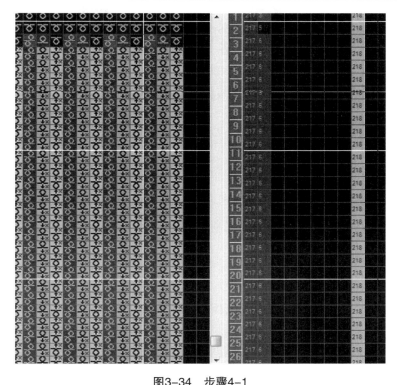

图3-34　步骤4-1

纱嘴			
主纱纱嘴1	5	主纱纱嘴2	3
废纱纱嘴1	1	废纱纱嘴2	8
V领废纱纱嘴	8	☑罗纹纱嘴2	6
拆线	2	橡筋纱嘴	0
加丝纱嘴	2	棉纱纱嘴	0

图3-35　步骤4-2

备注：①步骤3与步骤4根据需要任选一种加丝方式。

②步骤3加丝如果只加5转可在加丝打√→输入5，如图3-36所示，（5转加丝不包括罗纹起头位置，若只想在起头位置加丝，可手动在218功能线下画2#加丝纱嘴）。

图3-36　步骤4-备注②

第五节　附件制作

一、1×1过单面

（一）新建

双击恒强制板图标→单击进入→文件→新建→选择机型名H2-2→7针→下一步→设置画布大小1024×2048→完成。

（二）工艺单（图3-37）

领贴　12针

1*1　20行拉0cm

度高3.1cm

记号169v25v103v25v169　间纱完

放眼半转，过面单边1转

1*1　12转

放眼半转

结上梳，圆筒1转

（1条）领贴：开495支，面一支包

图3-37　1×1领子工艺单

步骤1：工艺单→新建。

步骤2：起始针数495。

步骤3：废纱转数0（连续做领子，可填0，节约废纱）。

步骤4：罗纹转数12。

步骤5：罗纹1×1罗纹。

步骤6：普通编织→面1支包。

步骤7：空转高度1.5转。

步骤8：领子袖子。

步骤9：大身对称。

步骤10：左身下0.5转0针1次→度目1为12段（放松度目）。

步骤11：0.5转0针1次→度目1为15段（套口度目）。

步骤12：棉纱中心记号打5→依次输入169v25v103v25v169（v代表标记，1针）→尺寸为尺码3→吊目或挑孔（通常黑色或深色采用挑孔，一般选用吊目）→确定，如图3-38所示。

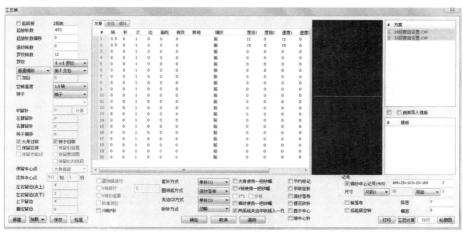

图3-38 步骤12

（三）制板

步骤1：起头后放眼半转为7度目下，将6段度目改为12段度目，如图3-39所示。

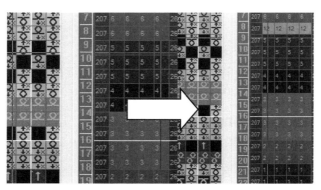

图3-39 步骤1

步骤2：删除上方2行踢纱嘴行，如图3-40所示。

步骤3：如果领子需要连续织10条，201功能线下，填10#（数字几代表循环几次，必须为偶数，从左向右行开始，到右向左行结束），如图3-41所示。

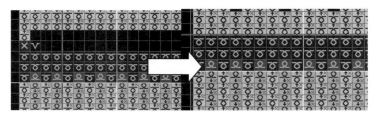

图3-40 步骤2

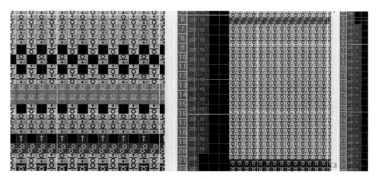

图3-41 步骤3

（四）保存→编译

保存→文件名为"自定义"→编译，出现编译对话框→确定。

二、2×1罗纹+圆筒

（一）新建

双击恒强制板图标→单击进入→文件→新建→选择机型名H2-2→下一步→设置画布大小1024×2048→完成。

（二）工艺单（图3-42）

放眼1转，毛2转，间纱完
圆筒　　6转

顶密针　圆筒1转　平半转

2*1　　8.5转

起始针329针　斜1支

图3-42 2×1罗纹+圆筒工艺单

步骤1：起始针数329。

步骤2：起始针偏移0。

步骤3：废纱转数0（节约废纱）。

步骤4：罗纹转数8.5，这里输入8，制板下再调整。

步骤5：罗纹2×1罗纹。

步骤6：附件过渡顶密针为圆筒一转平半转，也就是附件过渡，如图3-43所示。

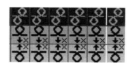

图3-43　附件过渡

步骤7：斜1支为底一支包（一边为2#反针，一边为1#正针）。

步骤8：空转高度1转，这里输入1.5转，再制板下再调整。

步骤9：领子袖子。

步骤10：大身对称打√。

步骤11：左身下，6转0针1次→F罗纹（圆筒）。

步骤12：1转0针1次→F罗纹→度目为15段→度目为套口度目。

步骤13：废纱也应为F罗纹，在左身下直接输入（6-8）转0针1次→F罗纹→16段废纱度目，工艺单如图3-44所示。

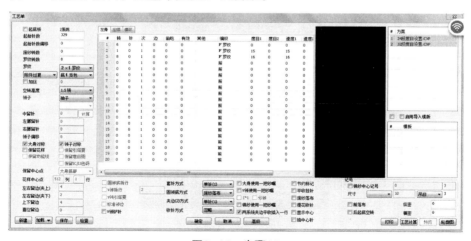

图3-44　步骤13

步骤14：确定。

（三）制板

步骤1：起针空筒1.5转删除1行（0.5转），如图3-45所示。

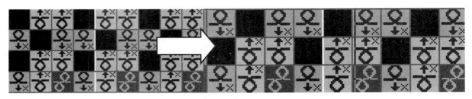

图3-45　步骤1

步骤2：2×1罗纹插入1行（0.5转）。

步骤3：16段废纱度目行（在起始行做标记1#），将纱嘴由5#、3#更换为1#、8#（先织1#，再织8#这样织物开口，反之先织8#再织1#则闭合），如图3-46所示。

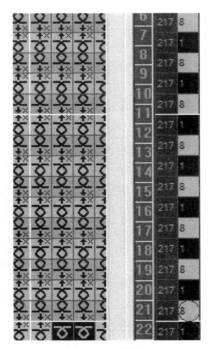

图3-46　步骤3

步骤4：删除上方踢纱嘴2行→上方单面废纱删除→在增加10#和以上单面废纱，如图3-47所示。

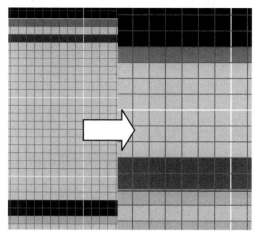

图3-47 步骤4

（四）保存→编译

保存→文件名为"自定义"→编译，出现编译对话框→确定。

三、荷叶边

（一）新建

双击恒强制板图标→单击进入→文件→新建→选择机型名H2-2→下一步→设置画布大小1024×2048→完成。

（二）工艺单

步骤1：起始针数265针。

步骤2：起始针偏移0。

步骤3：废纱转数0（节约废纱）。

步骤4：罗纹转数0。

步骤5：罗纹F罗纹（圆筒）。

步骤6：普通编织。

步骤7：空转高度1.5转。

步骤8：领子袖子。

步骤9：左身下，16转0针1次→四平柳条（四平柳条即为双元宝、双鱼鳞、木耳边）→度目6段。

步骤10：5转0针1次→1×1罗纹→度目11段。

步骤11：0.5转0针1次→前→度目15段（套口度目）。

步骤12：0.5转0针1次→编织形式前。

步骤13：确定。

（三）制板

步骤1：20#翻针改为6#，如图3-48、图3-49所示。

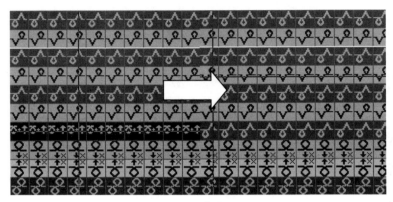

图3-48 步骤1-1

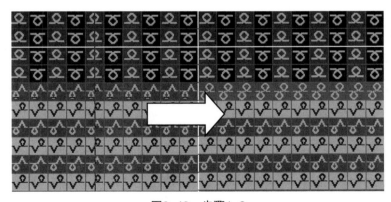

图3-49 步骤1-2

步骤2：四平柳条最上方1行6#改为3#，度目段为10段。

步骤3：起头圆筒1转为5段度目。

步骤4：1×1最后1行为12度目（过渡行度目）。

步骤5：1×1罗纹需要星位：208功能线下第三列填1#，如图3-50所示。

备注：①如果制板下没填，编译→自动处理→自动星位打√。

②机器上度目1×1最紧，元宝针比单面略紧，四平调紧，起头空转5#度目与单面度目相同。

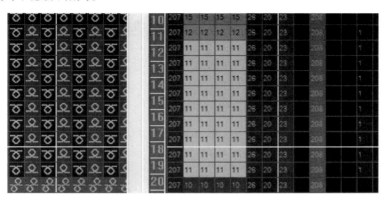

图3-50　步骤5

（四）保存→编译

保存→文件名为"自定义"→编译，出现编译对话框→确定。

四、单面罗纹+狗牙边

（一）新建

双击恒强制板图标→单击进入→文件→新建→选择机型名H2-2→下一步→设置画布大小1024×2048→完成。

（二）工艺单

步骤1：工艺单→新建。
步骤2：起始针数300。
步骤3：起始针数偏移0。
步骤4：废纱转数0。
步骤5：罗纹转数4。
步骤6：罗纹单面罗纹。
步骤7：左身下，0.5转0针1次。
步骤8：0.5转0针1次→度目15段（套口行度目）。
步骤9：20转0针1次。
步骤10：0.5转0针1次→度目15段（套口行度目）。

步骤11：0.5转0针1次，工艺单如图3-51所示。

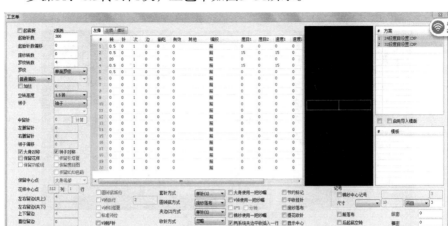

图3-51　步骤11

步骤12：棉纱中心记号打√→100v98v100（v代表1针）→吊目。

步骤13：确定。

（三）制板

步骤1：将上方记号复制到下方废纱对应位置，如图3-52所示。

步骤2：如果领边部需要做狗牙，在主纱中间行（翻折部位）填入1行61#和1#间隔使用，如图3-53所示。

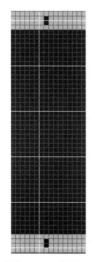

图3-52　步骤1

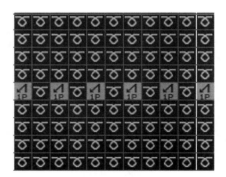

图3-53　步骤2

（四）保存→编译

保存→文件名为"自定义"→编译，出现编译对话框→确定。

五、1×1狗牙

（一）新建

双击恒强制板图标→单击进入→文件→新建→选择机型名H2-2→下一步→设置画布大小1024×2048→完成。

（二）工艺单

步骤1：起始针数200。

步骤2：罗纹转数20。

步骤3：罗纹1×1罗纹。

步骤4：普通编织。

步骤5：领子袖子。

步骤6：左身下，0.5转0针1次→15段度目（套口行度目）。

步骤7：0.5转0针1次，如图3-54所示。

图3-54 步骤7

步骤8：确定。

（三）制板

步骤1：1×1罗纹起头位置1#正针上画4#吊目2-2.5转，如图3-55所示。

步骤2：线性复制→框选吊目循环，每10针一吊目，如图3-56所示。

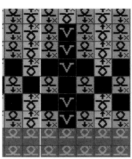

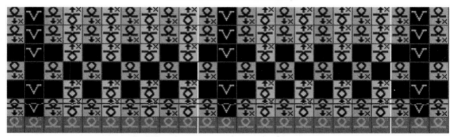

图3-55　步骤1　　　　　　　　　图3-56　步骤2

（四）保存→编译

保存→文件名为"自定义"→编译，出现编译对话框→确定。

六、空气层狗牙

（一）新建

双击恒强制板图标→单击进入→文件→新建→选择机型名H2-2→下一步→设置画布大小1024×2048→完成。

（二）工艺单

步骤1：起始针数200。

步骤2：罗纹转数20。

步骤3：罗纹F罗纹。

步骤4：普通编织。

步骤5：领子袖子。

步骤6：左身下，8转0针1次→F罗纹→16段度目（废纱度目），如图3-57所示。

步骤7：确定。

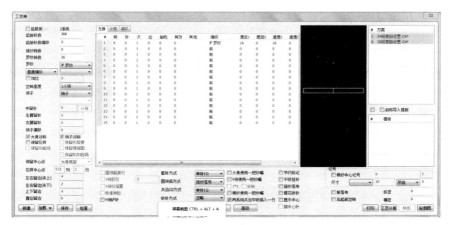

图3-57　步骤6

（三）制板

步骤1：16段废纱部分，将纱嘴更改为1#和8#循环。

步骤2：织物主纱结束行20#改为8#。

步骤3：主纱最后结束2行，度目为15段度目（套口行），如图3-58所示。

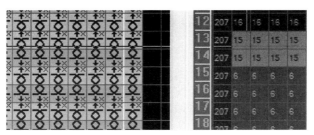

图3-58　步骤3

步骤4：F罗纹起头，四平上改为14#前后吊目→前针床8#改4#前吊目→9#后针床编织改5#后吊目→线性复制→框选4#和5#吊目→4转，如图3-59所示。

步骤5：线性复制→框选每8针做一次狗牙吊目，鼠标拖动，如图3-60所示。

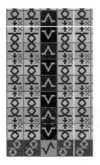

图3-59　步骤4

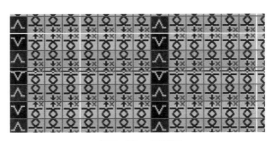

图3-60　步骤5

（四）保存→编译

保存→文件名为"自定义"→编译，出现编译对话框→确定。

七、1×1罗纹+圆筒

（一）新建

双击恒强制板图标→单击进入→文件→新建→选择机型名H2-2→下一步→设置画布大小1024×2048→完成。

（二）工艺单

步骤1：工艺单→新建。
步骤2：起始针数200。
步骤3：罗纹转数1。
步骤4：罗纹1×1罗纹。
步骤5：普通编织。
步骤6：领子袖子。
步骤7：左身下，20转0针1次→前编织。
步骤8：5转0针1次→1×1罗纹→11段度目。
步骤9：1转0针1次→四平罗纹→10段度目。
步骤10：6转0针1次→F罗纹。
步骤11：1转0针1次→F罗纹→15段。
步骤12：8转0针1次→F罗纹→16段，如图3-61所示。

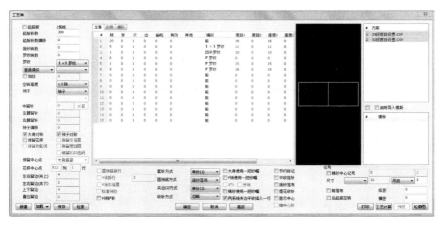

图3-61 步骤12

步骤13：确定。

备注：为了卷边单面不套口，本附件采用1×1罗纹起底，在制板下再删除1行，也可采用→高级→其他→废纱起底→单面过斜梭（前）（图3-62）→确定制板下，如图3-63所示。

废纱起底

放线高度

夹线高度(细针机)

夹线高度(粗针机)

起底节约

四平编织

四平编织
普通编织
1x1编织
粗针编织
普通编织(2)
粗针编织(2)
单面过斜梭(前)
单面过斜梭(后)

图3-62 备注1

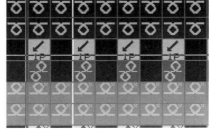

图3-63 备注2

（三）制板

步骤1：起底1×1空转删掉1行，如图3-64所示。

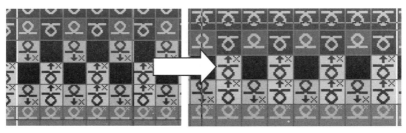

图3-64 步骤1

步骤2：为了不出现单数，上方四平删除1行。

步骤3：上方踢纱嘴2行删除。

步骤4：废纱空筒接单面处，填70#翻针1行。

步骤5：16段废纱度目F罗纹将纱嘴改为1#和8#。

（四）保存→编译

备注：如果单面接2×1罗纹，如图3-65所示，制板下208功能线下2×1罗纹第一行第二列填1#，如图3-66所示。

#	转	针	次	边	偷吃	有效	其他	编织	度目1	度目2	速度1	速度2
1	20	0	1	0	0	0		前	16	0	16	0
2	5	0	1	0	0	0		2×1罗纹	11	0	11	0
3	1	0	1	0	0	0		四平罗纹	10	0	10	0
4	6	0	1	0	0	0		F罗纹	0	0	0	0
5	1	0	1	0	0	0		F罗纹	15	0	15	0
6	8	0	1	0	0	0		F罗纹	16	0	16	0
7	0	0	1	0	0	0		前	0	0	0	0
8	0	0	1	0	0	0		前	0	0	0	0
9	0	0	1	0	0	0		前	0	0	0	0
10	0	0	1	0	0	0		前	0	0	0	0
11	0	0	1	0	0	0		前	0	0	0	0
12	0	0	1	0	0	0		前	0	0	0	0
13	0	0	1	0	0	0		前	0	0	0	0
14	0	0	1	0	0	0		前	0	0	0	0
15	0	0	1	0	0	0		前	0	0	0	0

图3-65　保存→编译1

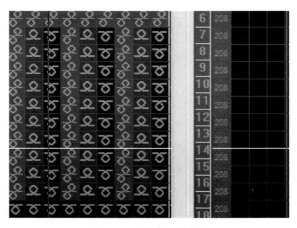

图3-66　保存→编译2

第四章　针织组织花型及制板程序设计

第一节　提花组织

一、单面提花

（一）新建

双击恒强制板图标→单击进入→文件→新建（CTRL+N）→选择机型 H2-2→设置花布大小1024×2048，12针→确定。

（二）工艺单

步骤1：起始针数120。

步骤2：废纱转数5。

步骤3：罗纹转数0。

步骤4：罗纹1×1罗纹。

步骤5：普通编织。

步骤6：领子袖子。

步骤7：左身下，100转，如图4-1所示。

步骤8：确定。

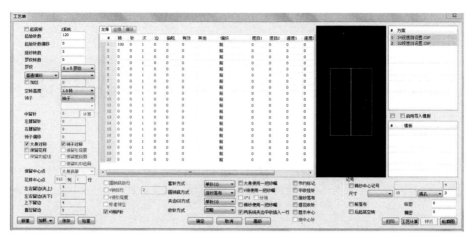

图4-1　步骤7

（三）制板

步骤1：框选1#色→右键→复制到→引塔夏，如图4-2所示。

步骤2：花样下→视图→工具栏→工作区→查看CNT→模块→图片→双击图片（单面提花一般花型针数较少）。

备注：图片只能在花样下取出，不可在引塔夏里取出。

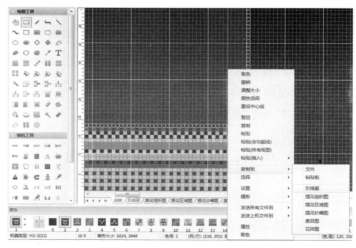

图4-2　步骤1

步骤3：框选图片→右键→复制到→引塔夏。

步骤4：引塔夏→框选图片→换色次，出现替换颜色对话框→0#换5#，1#换3#→确定，如图4-3所示。

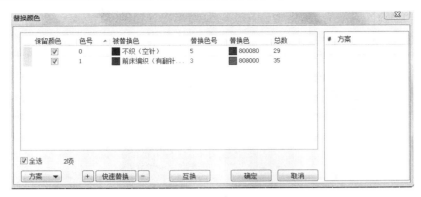

图4-3　步骤4

步骤5：框选图片→复制→粘贴→阵列复制→将织物填满，如图4-4所示。

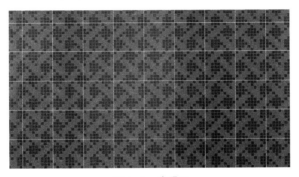

图4-4　步骤5

步骤6：216功能线编织形式下→右键→两色提花→空针，如图4-5所示。

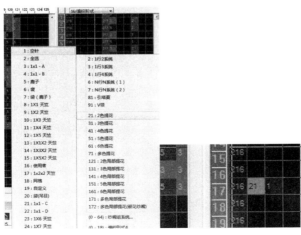

图4-5　步骤6

步骤7：216第三列填1#（1#为纱嘴系统设置第1页）→阵列复制→框选"21、1、1"→复制到所有提花部分，如图4-6所示。

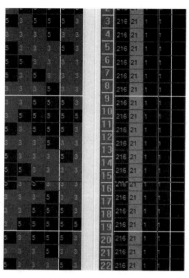

图4-6　步骤7

步骤8：纱嘴系统设置→自动（1），5-5、3-3→确定，如图4-7所示。

图4-7　步骤8

步骤9：提花修边（为了防止边上浮线过长、飞纱嘴，单面提花通常采用提花修边）。

备注：如果单面提花组织上某一行为单一颜色，则不用修边，如图4-8所示。

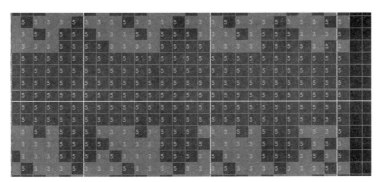

图4-8　步骤9

（四）保存→编译

保存→编译→提花→吊目方式前吊目或后吊目（后吊目必须落布）→吊目距离6（如果粗针距的可3~4针吊目）→吊目间隔5→吊目针数1，如图4-9所示→确定。

图4-9　保存→编译

二、双面提花

（一）新建

双击恒强制板图标→单击进入→文件→新建（CTRL+N）→选择机型H2-2→设置花布大小1024×2048，12针→确定。

（二）工艺单

工艺单→起始针数120→起始针偏移0→罗纹转数0→罗纹F罗纹→双面提花→空转高度1.5转→领子袖子→转数100→大身使用一把纱嘴打√，（图4-10）高级→其他→废纱方式直接编织（织样片时选直接编织）→确定→确定。

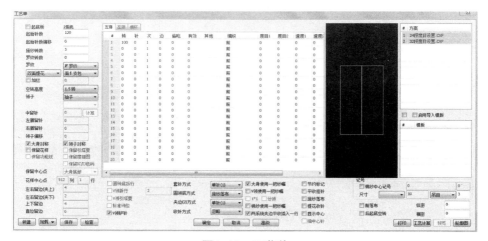

图4-10　工艺单

（三）制板

步骤1：框选主纱织物（上方留2行翻针行和套口行）→右键→复制到→引塔夏（图4-11）→引塔夏里，填充工具 🖌 →5#色→点击织物，填充为5#色→点击3#色→菱形工具 ◆ →右键→输入宽度23、高度46→输出（图4-12）→阵列复制 ▦ →框选菱形→拖动至整个主纱织物。

步骤2：216编织形式→右键→两色提花→1×1-A（可根据具体双面提

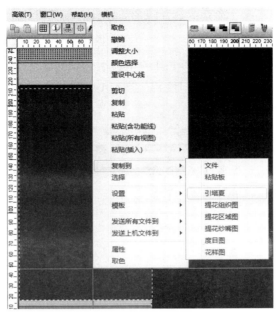

图4-11 步骤1-1

花组织进行选择）→纱嘴为第1页→阵列复制 ⊞⊞ →框选21，3，1→拖动到所有提花组织部分。

步骤3：纱嘴系统设置 ⚙ →纱嘴组设定对话框（图4-13），自动（1），5-5，3-3→确定。

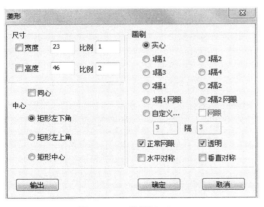

图4-12 步骤1-2

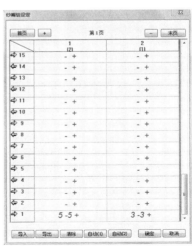

图4-13 步骤3

步骤4：花样下，填充行工具 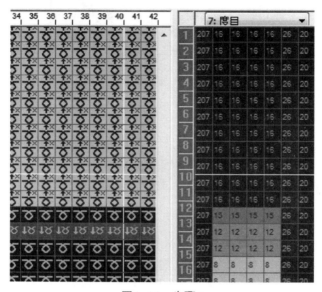→70#翻针至前，前编织→点击主纱织物倒数第2行。

步骤5：207度目下，矩形工具→主纱纱织物倒数第2、3行，填12段度目翻针度目→最后1行填15段套口度目（图4-14）→横机工具→自动复制度目段→设定分别翻针。

图4-14　步骤5

（四）保存→编译

保存→文件名为"自定义"→编译，出现编译对话框→确定。

三、反向提花

（一）新建

双击恒强制板图标→单击进入→文件→新建→选择机型名H2-2→下一步→设置画布大小1024×2048→完成。

（二）工艺单

步骤同84页，双面提花工艺单。

（三）制板

（芝麻点提花步骤同上双面提花芝麻点，步骤略）。

步骤1：在芝麻点提花基础上，花样下→多义线工具 ◇ →9#→依次点击所画图形点，双击结束（图4-15），填充工具 ✎ 右键→按颜色打√，连通区域打√（图4-16所示），确定→点击填充的区域。

步骤2：216编织形式下3#（1×1-A）调整为103#特殊提花（图4-17）。

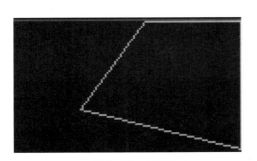

图4-15 步骤1-1

图4-16 步骤1-2

（四）保存→编译

图4-17 提花编织实物图

四、多种提花组织

（一）芝麻点+空针（门襟需要折叠部分加空针）。

在芝麻点提花基础上，花样下→框选门襟处第11列→右键→复制到→提花组织图（图4-18）→提花组织图下填1#代表空针→编译→提花→单面接提花处理→自动编织→确定。

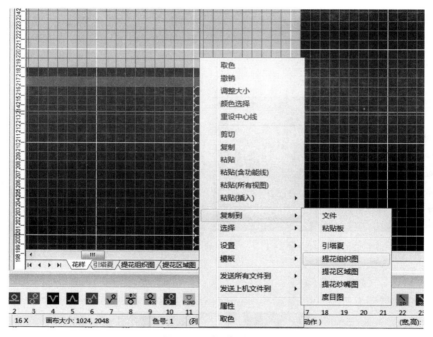

图4-18　提花组织图

（二）芝麻点+空气层（加空气层门襟）

在芝麻点提花基础上，花样下→框选门襟处10列→右键→复制到→提花组织图→提花组织图下填6#代表空气层组织→编译→提花→单面接提花处理→自动编织→确定。

（三）芝麻点+单面空气层流苏

在芝麻点提花基础上，花样下→框选需要加流苏的5列（通常最多5针，多于5针会容易飞纱嘴）→右键→复制到→提花组织图→提花组织图下填6#代表空气层组织→框选提花组织图里的空气层→复制到→花样→花样下填充工具→16#→16#下方，矩形工具画一行20#→16#上方可画一行10#（可加可不加）→保存→编译。

（四）芝麻点+空针

在芝麻点提花基础上，花样下→框选需要加空针的1列→右键→复制到→提花组织图→提花组织图下填6#代表空气层组织→框选提花组织图里的空气层→复制到→花样→花样下填充工具→0#→0#下方，矩形工具画一行195#→保存→编译。

五、露底提花

（一）新建

双击恒强制板图标→单击进入→文件→新建→选择机型名H2-2→下一步→设置画布大小1024×2048→完成。

（二）工艺单

步骤同84页，双面提花工艺单。

（三）制板

步骤1：框选主纱织物（上方留2行翻针行和套口行）→右键→复制到→引塔夏→引塔夏里，填充工具 →5#色→花样下，工作区→查看CNT→模块→图片→双击图片拖动到空白位置→框选图案，右键→复制→引塔夏下，右键→粘贴（图4-19）→框选工具 ，框选图案→换色工具 →单击（图4-20），出现换色对话框，1#改为3#→确定→当前颜色 →3#色→将图案拖动织物指定位置。

步骤2：216编织形式→两色提花→1×1-A→第1页→纱嘴系统设置→自动（1）→确定。

步骤3：魔棒工具 →点击图案→右键→复制到→花样→换色工具 ，将1#换为16#，3#换为8#色，如图4-21所示。

图4-19 步骤1-1　　　　　　　　图4-20 步骤1-2

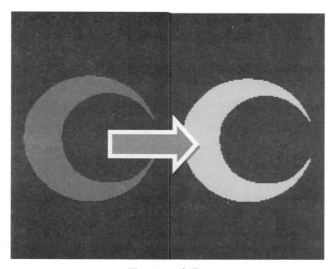

图4-21 步骤3

步骤4：花样下，框选图案→阴影 →单击图案（出现阴影设置对话框）→输入基本颜色8#，阴影颜色90#→所有行→单击向下箭头 （在图上方加阴影，需点击箭头相反方向，点击向下箭头）（图4-22）。

图4-22 步骤4

步骤5：插入空行工具 →单击提花第一行（在起头和提花间插入一行空行）→矩形工具→100#翻针至后（图4-23）。

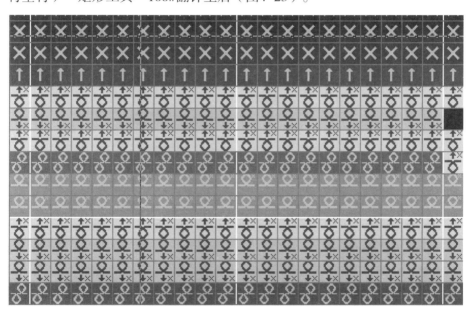

图4-23 步骤5

（四）保存→编译

保存→编译→仿真，如图4-24所示。

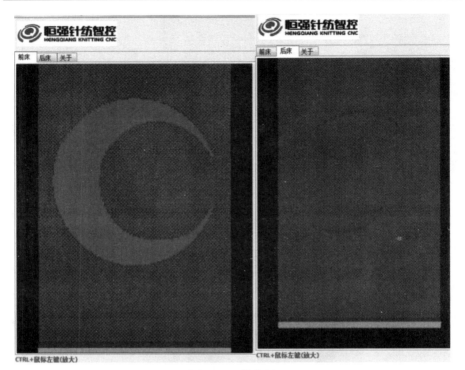

图4-24　仿真图

六、开口笑

（一）新建

双击恒强制板图标→单击进入→文件→新建→选择机型名H2-2→下一步→设置画布大小1024×2048→完成。

（二）工艺单

步骤同84页，双面提花工艺单。

（三）制板

步骤1：框选主纱织物（上方留2行：翻针行和套口行）→右键→复制到→引塔夏→引塔夏里，填充工具 →5#色→3#和4#色，矩形工具画图案，如图4-25所示。

图4-25　步骤1

步骤2：216编织形式→2色提花→6#袋（空气层提花）→5#和3#行提花部分，设置为第1页，5#和4#行提花部分，设置为第2页→纱嘴系统设置（第1页：自动（1），第2页：自动（1））→确定→横机工具→提花自动修边。

步骤3：框选提花图案（除了边缘部分）右键→复制到→花样→花样下，将图案换成1#和8#交替，如图4-26所示。

图4-26　步骤3

步骤4：1#色最上方行换成20#色→8#色上画8#和16#交替（图4-27），
阵列复制→复制到所有织物。

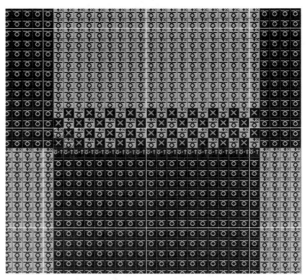

图4-27　步骤4

步骤5：起头与提花连接处，插入空行→插入1行→在8#下方，填100#
翻针至后→8#上填充8#和16#交替，如图4-28所示。

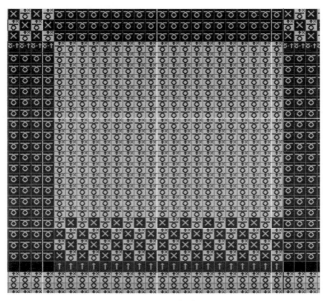

图4-28　步骤5

（四）保存→编译

保存→文件名为"自定义"→编译，出现编译对话框→确定，图4-29为编织实物图。

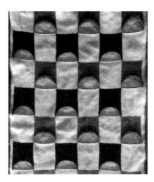

图4-29　开口笑编织实物图

七、反向空针

（一）新建

双击恒强制板图标→单击进入→文件→新建→选择机型名H2-2→下一步→设置画布大小1024×2048→完成。

（二）工艺单

工艺单下，为普通编织，其他步骤同84页，双面提花工艺单。

（三）制板

步骤1：花样下，框选主纱织物→右键→复制到→引塔夏→引塔夏里，1#和2#对角画图案→框选对角1#和2#→阵列复制→鼠标拖动至所有主纱织物，如图4-30所示（图案横向针数最多不超过5针，多针会

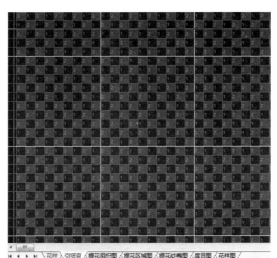

图4-30　步骤1

容易飞纱嘴）。

步骤2：216编织形式→右键→2色提花→1#空针→第1页→纱嘴系统设置→1-5、2-3→确定。

步骤3：花样下，2#画反针图案（也可在工作区）→查看CNT→模块→图片里找到图案双击，如图4-31所示。

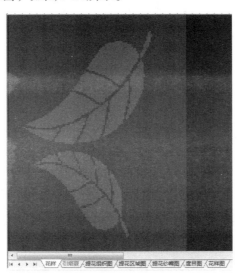

图4-31　步骤3

（四）保存→编译

保存→编译，编织实物图如图4-32所示。

图4-32　反向空针编织实物图

八、局部提花

（一）新建

双击恒强制板图标→单击进入→文件→新建→选择机型名H2-2→下一步→设置画布大小1024×2048→完成。

（二）工艺单

工艺单→加载→仅仅加载工艺→找到已保存的文件"5-231"→打开→高级→2#纱嘴在左边不打√→其他→领子收针方式（3）阶梯→大身收针方式（3）阶梯→确定→确定，左身、左领工艺分别如图4-33、图4-34所示。

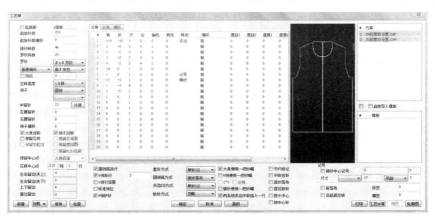

图4-33　左身工艺

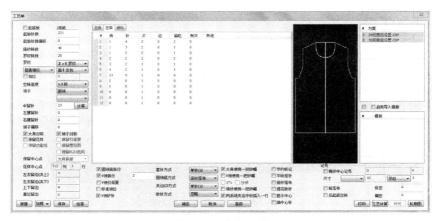

图4-34　左领工艺

（三）制板

步骤1：横机工具→花样到引塔夏→引塔夏里，在需要局部提花部位，填5#色（图4-35）→在5#色上，用6#画局部提花菱形图案（通常图案纱嘴数要大于衣身5#纱嘴）。

图4-35　步骤1

步骤2：魔棒→选中提花菱形图案→右键→复制到提花组织图（备注：提花组织图里6#代表织物组织袋，如果需要其他局部提花组织，可填任意数字）。

步骤3：216编织形式下→右键→121#2色局部提花→6#袋→1#为纱嘴组设定第1页→阵列复制→将局部提花部位复制，如图4-36所示。

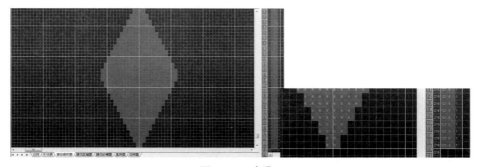

图4-36　步骤3

步骤4：纱嘴系统设置，出现纱嘴组设定对话框→自动（1）→确定。

步骤5：自动生成动作文件→保存→编译选项下，提花→单面接提花处理，鸟眼四平（通常单面接6#袋为鸟眼四平，如果接天竺选插入1×1B）→提花接单面处，翻针→启用局部提花度目段打√（两种织物密度相同，可不打√）。

（四）保存→编译

保存→文件名为"自定义"→编译，出现编译对话框→确定。

第二节　嵌花组织

一、新建

双击恒强制板图标→单击进入→文件→新建→选择机型名H2-2→下一步→设置画布大小1024×2048→完成。

二、工艺单

起始针120针→100转。
其他步骤同79页，单面提花工艺单。

三、制板

步骤1：横机工具→花样到引塔夏→引塔夏主纱织物填5#（引塔夏里颜色代表纱嘴）→3#色→菱形→宽度23、高度46→输出→4#色→菱形→宽度23、高度46→输出→两个菱形中间位置填6#→菱形右侧填7#，如图4-37所示。

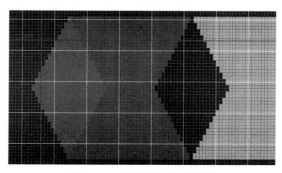

图4-37　引塔夏里纱嘴设置

步骤2：216编织形式下，右键→引塔夏→普通纱嘴（图4-38）→线性复制→框选81#、1#→拖动至所有需要嵌花行。

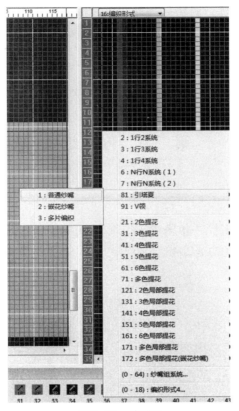

图4-38　步骤2

步骤3：221功能线，纱嘴停放点→第1列里，嵌花行填2#，其他都填1#。

四、保存→编译

保存→编译→自动处理→禁用紧吊打√→引塔夏→连接方式，吊目（1）→连接方式为吊目，编织→带入方式为吊目（4）（代表隔3针一吊目，粗针可以隔3针吊目，如果针数多了会飞纱嘴）→自动菱形块嵌花打√→启用两边优化打√→安全针数→纱嘴填75（同导轨同系统之间安全针数应大于6英寸×机号，如6×12=72，这里填75针，不同导轨之间应为1.5英寸）→确定。

第三节　集圈组织

一、新建

双击恒强制板图标→单击进入→文件→新建→选择机型名H2–2→下一步→设置画布大小1024×2048→完成。

二、工艺单

起始针120针→100转。
其他步骤同79页，单面提花工艺单。

三、制板

（一）正针吊目

1. 正针吊目1

2行1#→4行8#→8#上，隔3针4#前吊目→下一个循环与这个交错，如图4–39所示。

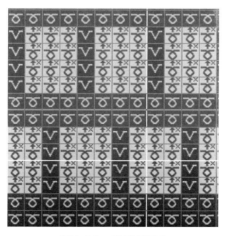

图4–39　正针吊目1

备注：1#和8#可为同一纱嘴，也可为不同纱嘴。

2. 正针吊目2

1#和8#1行1循环→第1列8#吊目→第2列1#吊目，依次循环，如图4-40所示。

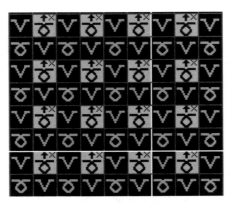

图4-40　正针吊目2

3. 正针吊目3

1#和8#1行1循环→8#上不吊目→1#上隔1针1吊目，如图4-41所示。

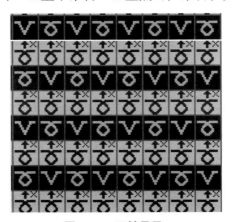

图4-41　正针吊目3

4. 正针吊目4

1#和8#1行1循环→4行为1个循环，第1列1、2行吊目→第2列3、4行吊目，如图4-42所示。

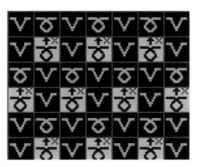

图4-42　正针吊目4

（二）反针吊目

2行2#→4行9#→9#上，隔3针5#后吊目→下一个循环与这个交错，如图4-43所示。

备注：2#和9#可为同一纱嘴，也可为不同纱嘴。

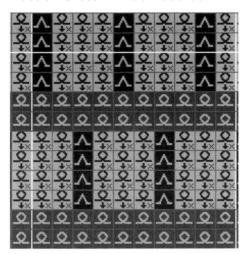

图4-43　反针吊目

（三）正反针吊目

1. 正反针吊目1

2列1#，在1列2#的罗纹组织基础上，在2#上2行编织，3行吊目，如图4-44所示。

备注，可以3行吊目为1个色，2行编织为1个色。

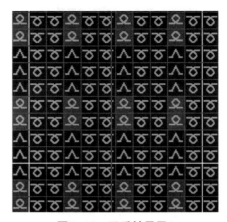

图4-44　正反针吊目1

2. 正反针吊目2

2行1#，4行8#→纵向为罗纹组织，1列正面线圈，1列为2#反面线圈→反面线圈8#色上，隔一行一吊目，如图4-45所示。

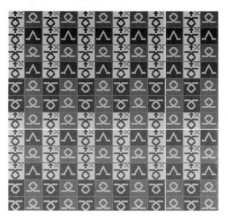

图4-45　正反针吊目2

第四节　挑孔移针

一、新建

双击恒强制板图标→单击进入→文件→新建→选择机型名H2-2→下一

步→设置画布大小1024×2048→完成。

二、工艺单（图4-46）

步骤同79页，单面提花工艺单。

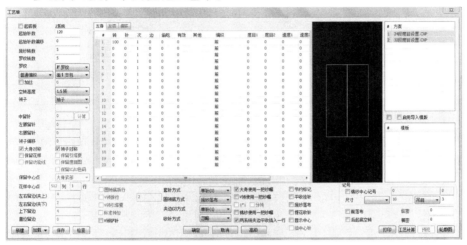

图4-46 挑孔移针工艺单

三、制板

（一）挑孔

1. 一针挑孔

步骤1：挑孔61#即为向左挑孔，移动线圈在相邻线圈后方，如图4-47所示。

步骤2：挑孔71#即为向右挑孔，移动线圈在相邻线圈后方，如图4-48所示。

步骤3：挑孔61#相邻织针上加20#（前编织+翻折至后），移动线圈在相邻线圈前方，如图4-49所示。

图4-47 步骤1

图4-48 步骤2

图4-49 步骤3

2. 两针挑孔

可以61#向左挑一针和71#向右挑1针→单面起针两针起不上，可以加浮线如图4-50，也可加反针，如图4-51所示。

图4-50 两针挑孔1

图4-51 两针挑孔2

3. 三针挑孔

第一行61#挑1针→第2行相邻织针61#和71#各挑1针→中间针为0#空针单起，如图4-52所示。

图4-52 三针挑孔

4. 移针浮线（烂洞）

61#向左移针→1转1移针→再1转向左平移1针→需要浮线加长，镜像复制→将左边浮线镜像，中间留1针（如果不留针，连续8针浮线，易飞纱嘴），如图4-53所示。

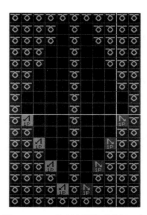

图4-53 移针浮线（烂洞）

（二）绘制菱形挑孔

1.绘制菱形挑孔1

61#绘制挑孔→框选61#→多重复制 →1转1挑孔，21孔→框选21孔→镜像61#对应71#→单击，自动镜像复制（中心点重叠）（图4-54）→框选61#拖动至右上方复制→框选71#拖动至左上方复制（图4-55）→框选整个菱形图案→非当前色，1#色→拖动整个图案，形成两个菱形重叠图案（图4-56）→框选菱形循环（图4-57）→线性复制 →向上拖动至整个主纱织片（图4-58）。

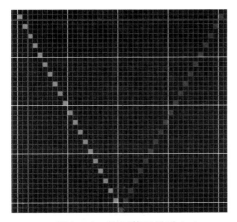

图4-54　绘制菱形挑孔1-1

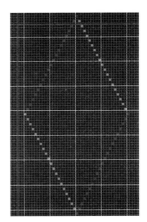

图4-55　绘制菱形挑孔1-2

图4-56　绘制菱形挑孔1-3

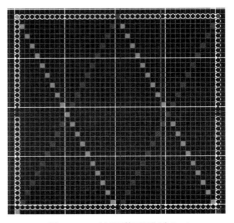

图4-57　绘制菱形挑孔1-4

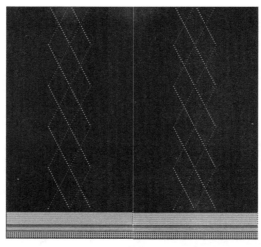

图4-58 绘制菱形挑孔1-5

2. 绘制菱形挑孔2

步骤1：0#色→菱形 ◆ →输入菱形宽度23、高度46→输出，如图4-59所示。

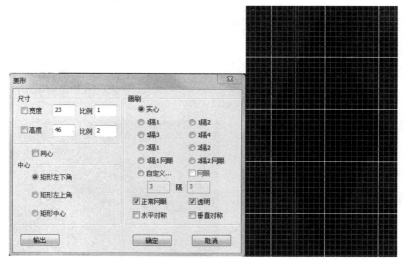

图4-59 步骤1

步骤2：绘制图案，61#→隔1行71#→框选循环，如图4-60所示（2转，2针一个循环）。右键→复制→填充复制区→单击0#菱形图案，完成绘制，如图4-61所示。

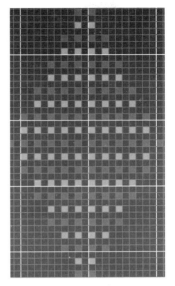

图4-60　步骤2-1　　　　　　　图4-61　步骤2-2

（三）挑孔加浮线

61#向左挑孔，1行1挑孔，连续6行→每个挑孔右侧加2针16#空针→右侧71#挑孔同左侧（图4-62）→线性复制→框选图案，每个图案中间留1行1#，如图4-63所示。

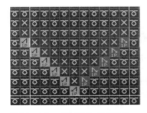

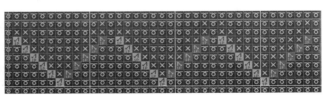

图4-62　挑孔加浮线1　　　　　　　图4-63　挑孔加浮线2

第五节　图案挑孔

一、新建

双击恒强制板图标→单击进入→文件→新建→选择机型名H2-2→下一步→设置画布大小1024×2048→完成。

二、工艺单

起始针120针→100转。

（步骤同79页，单面提花工艺单）。

三、制板

制板下，为了样片边缘平整，加入4针2#与1#循环（图4-64）→工作区→查看CNT→模块→图片→双击拖动至上方空白区域→框选图案（图4-65）→换色，出现换色对话框→1#更改为2#→确定→框选图案→当前颜色→2#色，将图案移动至主纱织物区域→绘制挑孔图案（图4-66）→框选→复制→框选主纱织物（上下各留1行，左右各留一列）→填充复制区→单击（图4-67）→换色→2#色更改为1#色（图4-68）。

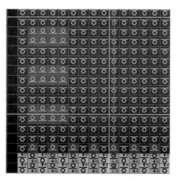

图4-64　制板1

图4-65　制板2

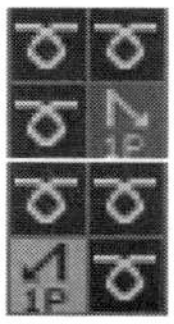

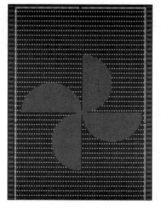

图4-66 制板3

图4-67 制板4

图4-68　制板5

四、保存→编译

保存→编译→仿真，如图4-69所示。

图4-69　前、后针床仿真图

第六节　阿兰花

一、新建

双击恒强制板图标→单击进入→文件→新建→选择机型名H2-2→下一步→设置画布大小1024×2048→完成。

二、工艺单

工艺单→加载→仅仅加载工艺→找到已保存的文件"5-231"→高级→其他→编织形式→后编织→确定→确定。

备注：通常阿兰花是在反针上做的花形，所以编织形式更改为后编织。

三、制板

步骤1：29#上索骨（1）与18#下索骨（1）配合使用；49#上索骨（2）与19#下索骨（2）配合使用。

步骤2：29#与18#和49#与19#用法完全相同，为了区分左右移针。

步骤3：上索骨接1#前床编织线圈，下索骨接2#后床编织和1#前针床都可以。

步骤4：阿兰花为两针上索骨与1针下索骨。

步骤5：4针1#前床编织，分别输入29#和18#向左和49#与19#向右→1转1循环，多重复制，循环9次（图4-70）→框选左侧，水平镜像右键，出现水平镜像对话框，输入18#对应19#，29#对应49#（图4-71）→确定1→鼠标拖动复制到右侧，左下方复制到右上方→右下方复制到左上方→上方2针上索骨与2针下索骨绞（图4-72）→桂花针→2#和1#交错（图4-73）→框选→复制→填充复制区（图4-74）。

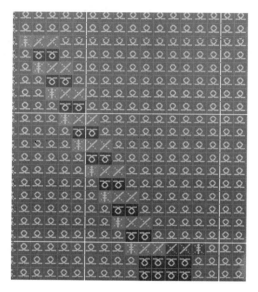

图 4-70　步骤 5-1

图4-71　步骤5-2

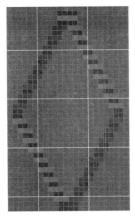

图4-72　步骤5-3

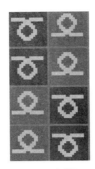

图4-73　步骤5-4

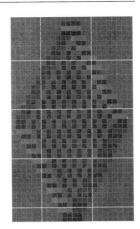

图4-74　步骤5-5

备注：如果编织过程中出现漏针现象，可将下索骨下方桂花针更改为2#色。

四、保存→编译

框选阿兰花图案→线性复制→拖动至所需花型大小（图4-75）。

图4-75　阿兰花仿真图

第七节　绞花

一、新建

双击恒强制板图标→单击进入→文件→新建→选择机型名H2-2→下一步→设置画布大小1024×2048→完成。

二、工艺单

（步骤同79页，单面提花工艺单）。

三、制板

（一）一行一绞花

步骤1：38#（后编织、下索骨（1））与29#（前编织、上索骨（1））配合使用，58#（后编织、下索骨（2））与49#（前编织、上索骨（2））配合使用。

步骤2：38#与29#循环使用→上索骨下方接1#前床编织，下索骨下方接2#后床编织（图4-76）→多重复制→框选索骨针→单击斜向循环所需转数（图4-77）→框选→水平镜像→右键38#对应58#→确定→复制→非当前颜色→2#色→拖动至重合（图4-78），上方交叉位置必须上索骨对上索骨，仿真图如图4-79所示。

图4-77　步骤2-2

图4-76　步骤2-1

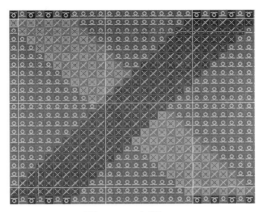

图4-78　步骤2-3

图4-79　一行一绞花仿真图

（二）3×3绞花

步骤1：先做6针1#前床编织（绞花通常在前针床编织上进行）3针上索骨29#和3针下索骨18#，如图4-80所示。

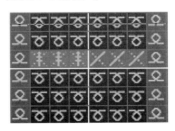

图4-80　步骤1

步骤2：3×3绞花容易烂针，所以通常在上索骨下方加0#偷吃，如图4-81所示。

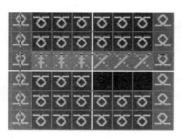

图4-81　步骤2

步骤3：可以设定绞花循环，如4转（8行）：框选工具→框选8行绞花花型→鼠标拖动，如图4-82所示。

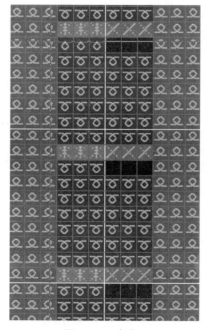

图4-82　步骤3

（三）4×4绞花

通常做绞花最大针数为3针，超过针数易出现断线等现象。当需要做4×4、5×5或多针绞花时，需要模拟多针的状态，可以2×2绞花或1×1绞花完成（图4-83、图4-84）。

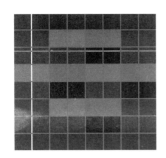

图4-83　2×2绞花完成的4×4状态

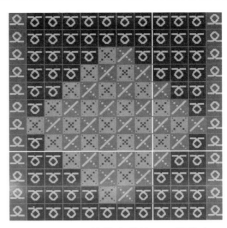

图4-84　1×1绞花完成的5×5的状态

（四）绞花小图

1.1×1绞花织针动作

2针20#（前编织、翻针至后）→下一列填1针41#（后床编织+左翻1针）→再下一列填51（后床编织+右翻1针），如图4-85所示。

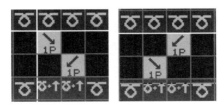

图4-85　1×1绞花织针动作

备注：先左后右或先右后左均可，先翻哪针哪针在上。

2.2×2绞花织针动作

4针20#（前编织、翻针至后）→下一列填2针42#（后床编织+左翻2针）→再下一列填2针52#（后床编织+右翻2针）→203取消编织下填1#，如图4-86所示。但这种方式2×2绞花容易漏针，所以经常会加0#偷吃色码，如图4-87所示。

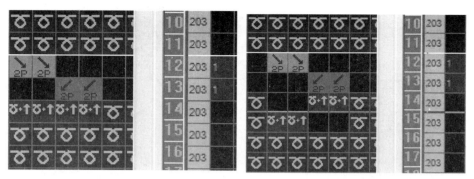

图4-86　2×2绞花织针动作1　　　　图4-87　2×2绞花织针动作2

3. 绘制2×2绞花小图

备注：小图模块定义，如图4-88所示。在制板下单击F1→9小图模块，查阅。

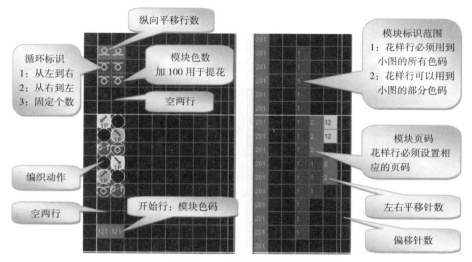

图4-88　小图模块定义

步骤1：框选织针动作至上方空白处→下方隔2行填120#色码→上方空2行填1→再上一行填3#（4针）→201功能线第3列填2#（设定模块标识）→203取消编织左翻2针和右翻2针行填1#→201功能线下第4列设定编织分页，第1个编织行为第1页，第2个编织行为第2页（图4-89）→在织物上绘制绞花时，因为分2页，所以应用时应绘制2行120#，如图4-90所示为2×2绞花，右搭左，2转一绞。

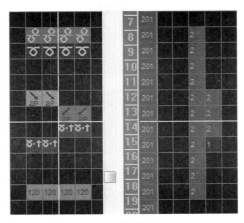

图4-89　步骤1-1

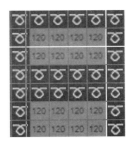

图4-90　步骤1-2

步骤2：绞花两侧通常为2#后床编织，左右各绘制2针2#→阵列复制，鼠标拖动至所需图案大小（图4-91）→208功能线下，第3列填1#（针对针）→编译→自动处理→自动星位。

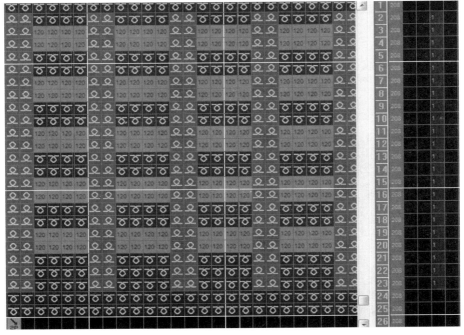

图4-91　步骤2

4. 左搭右绞花

框选右搭左绞花→复制→120#更改为121#→插入1行空行→更改移针方向→201功能线上（图4-92）→203插入移针行取消编织。

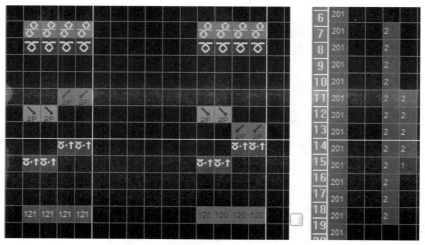

图4-92 左搭右绞花

（五）席纹

做席纹时需将绞花小图限定针数3#（4针）去掉，如图4-93所示，即可画多针2×2绞花席纹。

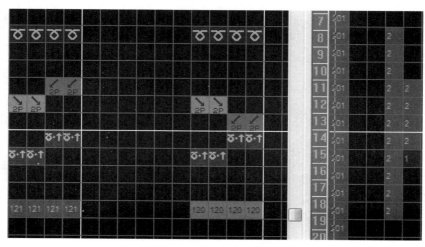

图4-93 2×2席纹绞花小图

1. 绘制席纹

121#2行，121#2行→121#与120#错2针，如图4-94所示，仿真图如图4-95所示。

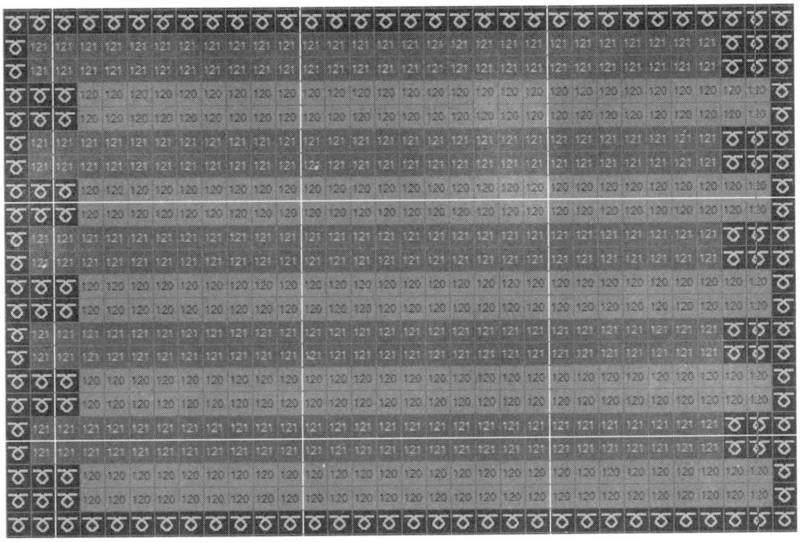

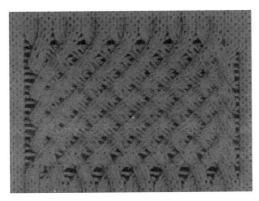

图4-94　席纹绘制图

图4-95　席纹仿真图

编织席纹时横机度目要调松。

2. 6×6席纹做法

38#、29#和58#、49#绘制1×1绞花，6个循环，框选循环单元阵列复制→鼠标拖动（图4-96）→框选席纹图案→横机工具模块修正→1×1打

√→确定（如果自动修不符合要求，可手动修正），图4-97为6×6席纹仿真图。

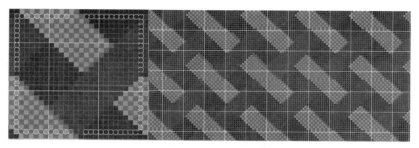

图4-96　6×6席纹制板图

图4-97　6×6席纹仿真图

第八节　谷波

一、新建

双击恒强制板图标→单击进入→文件→新建→选择机型H2-2→设置画布大小→1024×2048→完成。

二、工艺单

起始针数120，转数100。

普通编织，其他步骤同79页，单面提花工艺单。

三、制板

（一）单面上加横条谷波：（罗纹绘制方法与单面相同）

1. 直接绘制谷波

填充行工具→填充10#1行→8#3行→30#1行，如图4-98所示（在衣片上直接画的谷波，需要在工艺里把转数加出）。

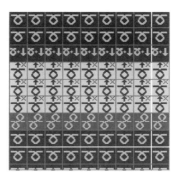

图4-98　直接绘制谷波

2. 小图绘制谷波

上方空白处，130#→空2行→10#→8#3行→30#1行→空两行后，填1#→201下，第3列填2#（图4-99）→207度目下，10#四平填10段度目（横机编织密度需调紧）→在织物上填130#进行图案绘制（这种小图方法，不需要在工艺单里加入谷波转数），如图4-100所示。

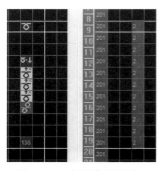

图4-99　小图绘制谷波1

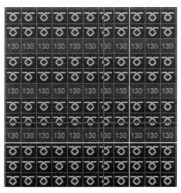

图4-100　小图绘制谷波2

（二）单面上加入曲线谷波

在单面织物上，绘制1行10#折线→平行折线，间隔6行，绘制1行3#（3#接1#会自动翻针）→填充工具→在10#和3#间填充8#前床编织→将所有谷波行，度目调整为9#度目，如图4-101所示（横机编织时，需将后板1、2、3、4调紧，前板不变与单面相同）。

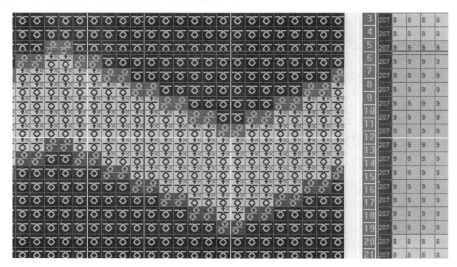

图4-101　单面上加入曲线谷波

（三）提花谷波

织物上，右键→模板→自定义→提花→2色提花，调出提花小图模块（图4-102）→120#与121#代表空针单面提花的不同颜色，如图4-103所示，运用120#121#进行图案绘制→在提花图案下方接一行10#→上方接1行3#（带翻针动作）→207度目下，10#和3#度目为10段度目→提花度目为11段度目，如图4-104所示。

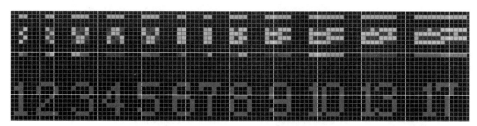

图4-102　提花谷波1

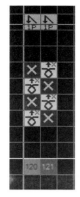

图4-103 提花谷波2

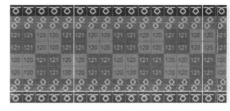

图4-104 提花谷波3

（四）局部谷波

1.局部谷波小图

124#→空2行→1#→8#4行→30#1行（编织循环应为单数行，7行）→在1#边填254#代表局部谷波（填在哪一侧，代表进入的方向）→201下，第三列填2#→207度目下，10#为10段度目，如图4-105所示（横机编织时需调紧）。

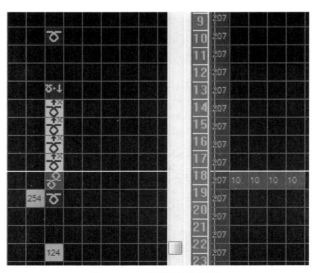

图4-105 局部谷波小图1

在织物上，用124#绘制局部谷波→局部展开 ，如图4-106所示。

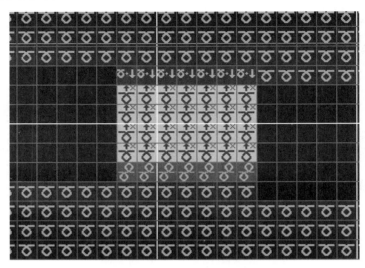

图4-106 局部谷波小图2

2. 绘制菱形谷波图案

菱形工具→输入宽度、高度→124#→输出→框选1#和124#→右键，复制→填充复制区→点击菱形图案，如图4-107所示。

图4-107 绘制菱形谷波图案

（五）凸起豆豆（一般为3针或5针）

豆豆小图：126#→空2行→1#→10#→8#4行→30#1行（编织行数为单数行）→两边1隔1加16#→201下，第3列填2#→207下10#为10段度目（图4–108）→在织物上绘制126#。

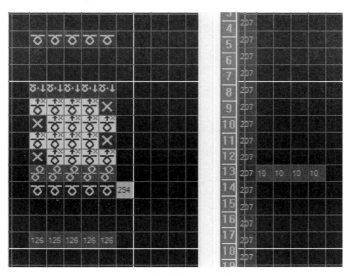

图4–108　凸起豆豆小图

第五章　针织服装成形设计

第一节　单面套衫填充领成形设计

一、新建

双击恒强制板图标→单击进入→文件→新建→选择机器名H2-2→下一步→设置画布大小1024×2048→完成。

二、工艺单

工艺单，如图5-1所示。

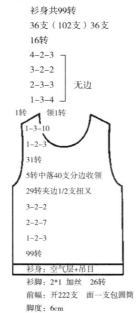

衫身共99转
36支（102支）36支
16转
4-2-3
3-2-2
2-3-3　无边
1-3-4
1转　领1转
1-3-10
1-2-3
31转
5转中落40支分边收领
29转夹边1/2支扭叉
3-2-2
2-2-7
1-2-3
99转
衫身：空气层+吊目
衫脚：2*1 加丝　26转
前幅：开222支　面一支包圆筒
脚度：6cm

图5-1　前片工艺单

三、制板

步骤1：单击工艺单，出现工艺单对话框。

步骤2：起底板不打√（机器上没有用到起底板）。

步骤3：起始针数222。

步骤4：起始针偏移0。

步骤5：废纱转数40。

步骤6：罗纹转数26。

步骤7：罗纹2×1罗纹。

步骤8：普通编织。

步骤9：面1支包。

步骤10：空转高度1.5转。

步骤11：领子假（吊目）（做假领，再进行裁剪缝合）。

步骤12：大身对称打√。

步骤13：领子对称打√。

步骤14：左身下，输入99转减2针1次。

步骤15：1转减2针2次。

步骤16：2转减2针7次。

步骤17：3转减2针2次。

步骤18：29转0针1次→其他→记号（1/2扭叉即为做记号）。

步骤19：5转0针1次。

步骤20：中留针40（中落、中停即为中留针）。

步骤21：31转减2针1次→其他→棉纱（肩部停针、铲针、套针即为棉纱）。

步骤22：1转减2针2次。

步骤23：1转减3针10次。

步骤24：1转0针1次。

步骤25：两系统夹边平收插入一行打√，如图5-2所示。

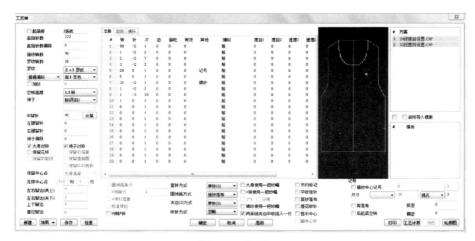

图5-2　步骤25

步骤26：棉纱中心记号打对号→高度4→尺寸尺码3→吊目（图5-3），织物为图5-4所示。

图5-3　步骤26

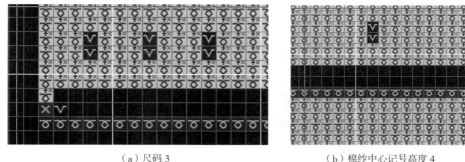

（a）尺码3　　　　　　　　　　（b）棉纱中心记号高度4

图5-4　织物示意图

步骤27：高级→2#纱嘴在左边打√（即第2#纱嘴停在左边，如果不打√停在右边）。

步骤28：高级→前编织→切换色码，将61、62色码切换为101、102色码，如图5-5所示（原色码密度会紧些，通常会用101、102色码）。

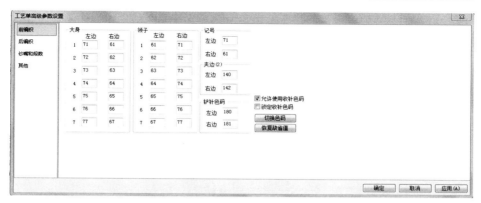

图5-5　步骤28

步骤29：高级→其他→废纱模式直接编织（6）。

备注：直接编织（6）可节省废纱。

步骤30：高级→其他→假吊目方式连接（连接即为领子位置1#色码，无连接即为8#色码）→假吊目高度为3或2（3代表3行一吊目，2代表2行一吊目）。

步骤31：确定→保存→选择保存文件夹→文件名→保存→确定。

第二节　单面套衫光边领成形设计

一、新建

双击恒强制板图标→单击进入→文件→新建→选择机型（H2-2）→12针→下一步→设置画布大小为1024×2048→完成。

二、工艺单

工艺单，如图5-6所示。

衫身共265转

77支〈6支〉（114支）〈6支〉77支

套针6支完

1转

1-6-1

1-5-1

3转

3+1-8

20转针落4支分边即收领

4-2-5

3-3-5

2-3-5

两边各套针11支即收

11转

4-2+3

3+1+16

14转

5-1-8

4-1-11

4转

下摆：单边

下摆：2×2针对针30转

前片：开354支圆筒1转

14转

3-2-2

2-3-7 ｝（无边）

领：1-3-3（套针）

$\dfrac{23}{64}$

图5-6 工艺单

（一）左身工艺

点击工艺单，出现工艺单对话框→按照工艺要求输入工艺单。

步骤1：工艺上圆筒1转，需在输入时输入1.5转，在制板下再调整→圆领。

步骤2：4转减1针11次。

步骤3：5转减1针8次。

步骤4：14转需直接加1针，1次。

步骤5：14转借调1次，因此这里输入3转加1针15次。

步骤6：4转加一针3次。

步骤7：11转减14针（11针即收和接下来的减3针1次合并）→其他→夹边（套针即平收、夹边）。

步骤8：2转减3针4次（夹边已收1次）→4支边→偷吃1（收2针或收3针给1~2针偷吃，容易编织）。

步骤9：3转减3针5次→4支边→偷吃1。

步骤10：4转减2针5次→4支边→偷吃1。

步骤11：20转加1针1次（直接完成上边的一次加针）。

步骤12：中留针46针→左膊留针6→右膊留针6。

步骤13：3转加1针7次。

步骤14：3转减5针1次。

步骤15：1转减6针11次。

步骤16：直摇/平遥1转，如图5-7所示。

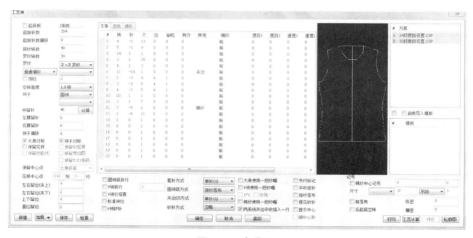

图5-7　步骤16

（二）左领工艺

领子减针不可以输入负数，需输入正数。

步骤1：1转减3针3次。

步骤2：2转减3针7次。

步骤3：3转减2针2次。

步骤4：直摇14转。

工艺输入后，检查→圆领底方式为废纱落布→圆领底拆行打√→V领拆行打√→两系统夹边平收插入一行打√（图5-8）→高级→2#纱嘴在左边不打√→纱嘴与段数→V领废纱纱嘴8#→其他→领子收针方式（3）填阶梯（即为3针分两次收，先收1针、再收2针）（图5-9）→确定。

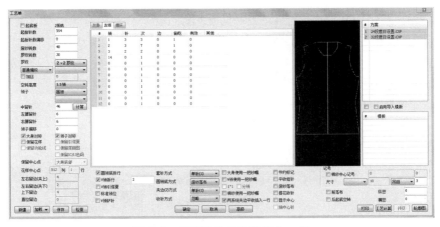

图5-8　两系统夹边平收插入一行

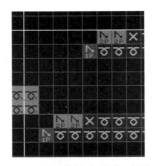

图5-9　领子收针方式（3）阶梯

备注：圆领底方式常用有——废纱落布（落布纱为1#废纱）、主纱落布（落布纱为3#、5#主纱）、单针（1）（圆领底方式为减针）（图5-10~图5-12）。

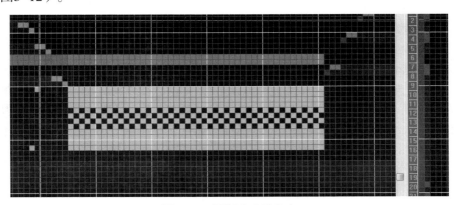

图5-10　圆领底废纱落布

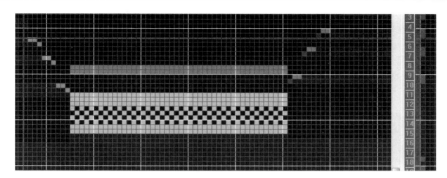

图5-11　圆领底主纱落布

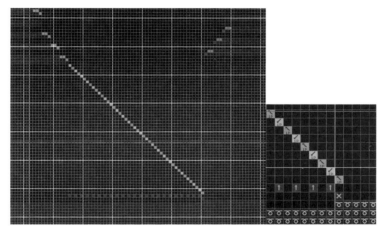

图5-12　圆领底为单针（1）

三、制板

工艺单上圆筒1转，需要将起底1.5转删掉0.5转→再罗纹加入0.5转，如图5-13所示。

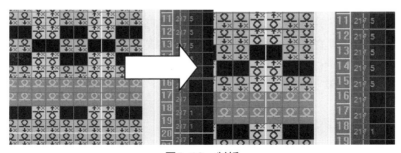

图5-13　制板

四、保存→编译

保存→编译→仿真，如图5-14所示。

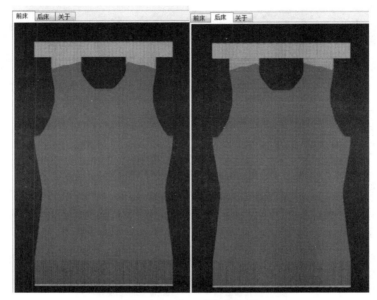

图5-14　前、后片仿真图

第三节　粗针距圆领衫工艺

一、新建

双击恒强制板图标→单击进入→文件→新建→选择机型名H2-2→针/寸为7→下一步→设置画布大小1024×2048→完成。

二、工艺单

工艺单，如图5-15所示。

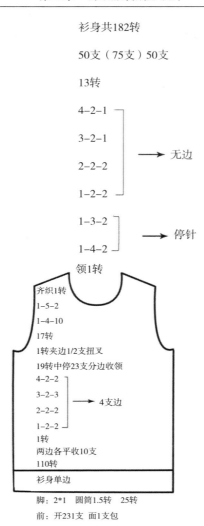

衫身共182转

50支（75支）50支

13转

4-2-1 ⎤
3-2-1 ⎥ ⟶ 无边
2-2-2 ⎥
1-2-2 ⎦

1-3-2 ⎤ ⟶ 停针
1-4-2 ⎦

领1转

齐织1转
1-5-2
1-4-10
17转
1转夹边1/2支扭叉
19转中停23支分边收领
4-2-2 ⎤
3-2-3 ⎥ ⟶ 4支边
2-2-2 ⎥
1-2-2 ⎦
1转
两边各平收10支
110转
衫身单边

脚：2*1　圆筒1.5转　25转
前：开231支　面1支包

图5-15　工艺单

（一）前片工艺

步骤1：起始针数231。

步骤2：罗纹2×1罗纹。

步骤3：普通编织面1支包。

步骤4：空转高度1.5转。

步骤5：领子圆领。

步骤6：大身对称打√，领子对称打√。

步骤7：110转减10针1次→其他→夹边（平收即为夹边）。

步骤8：1转减2针2次→4支边→偷吃1（1针偷吃容易减针）。

步骤9：2转减2针2次→4支边→偷吃1。

步骤10：3转减2针3次→4支边→偷吃1。

步骤11：4转减2针2次→4支边→偷吃1。

步骤12：19转0针1次→中留针23（中停即为中留针）。

步骤13：1转0针1次→其他→记号（扭叉即为记号）。

步骤14：17转减4针1次→其他→棉纱（停针即为铲针、棉纱，只需要输入1次即可）。

步骤15：1转减4针9次。

步骤16：1转减5针2次。

步骤17：1转0针1次，如图5-16所示。

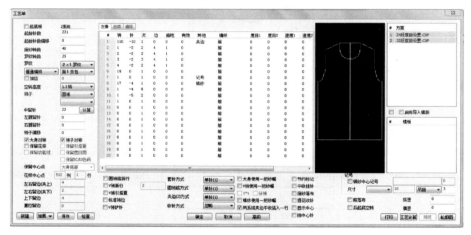

图5-16　前片工艺

（二）前领工艺

步骤1：1转减4针2次（领子需输入整数代表减针）→偷吃2。

步骤2：1转减3针2次→偷吃1。

步骤3：1转减2针2次→偷吃1。

步骤4：2转减2针2次→偷吃1。

步骤5：3转减2针1次→偷吃1。

步骤6：4转减2针1次→偷吃1。

步骤7：13转0针1次，如图5-17所示。

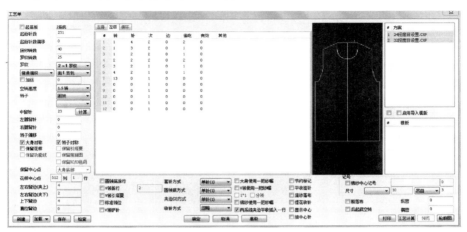

图5-17　前领工艺

V领铲针打√→圆领底拆行√→V领拆行打√（图5-18）→圆领底方式为废纱落布→棉纱中心记号不打√→高级→2#纱嘴在左边不打√→其他→领子收针方式与大身收针方式均为普通→确定→确定，如图5-19所示。

☑圆领底拆行
☑V领拆行
☐V领引塔夏
☐标准领位
☑V领铲针

图5-18　V领拆行打√　　　　　　　图5-19　领子板型

备注：本款领子制板方式适合领深较深服装，如果领深较浅的服装可采用：V领铲针打√→V领使用1把纱嘴打√（圆领底拆行不打√，V领拆行不打√）如图5-20所示。

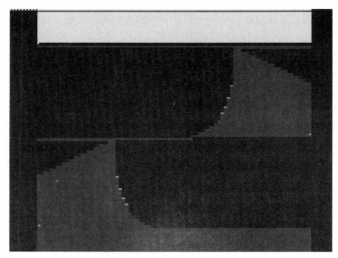

图5-20　领子制板

三、制板

由于本款为领深较深的粗针距服装，因此在制板下需调整领子铲针位置。

步骤1：矩形工具→1#→右侧领子最后一个吊目位置2行，如图5-21所示，拉伸至左侧与向下一行的对齐，如图5-22所示。

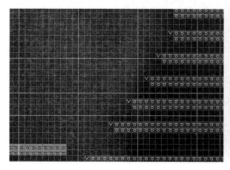

图5-21　步骤1-1　　　　　　　　　图5-22　步骤1-2

步骤2：删除行工具→删除左侧下方2行。

步骤3：插入空行工具→插入空行14行在新画的两行上方，如图5-23所示。

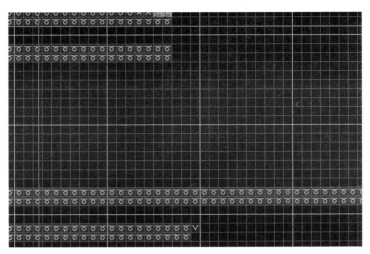

图5-23　步骤3

步骤4：框选工具→框选圆领底废纱（图5-24）→右键→复制→在插14行空行位置右键→粘贴（含功能线）。

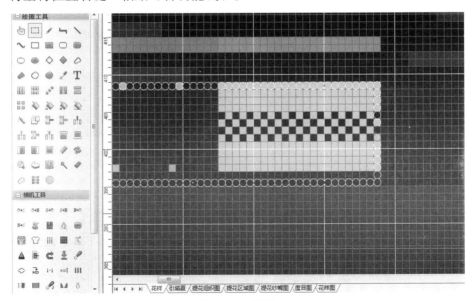

图5-24　步骤4

步骤5：线性复制工具→框选废纱→拉伸至两侧领宽位置→删除行工具→删除领底废纱，如图5-25所示。

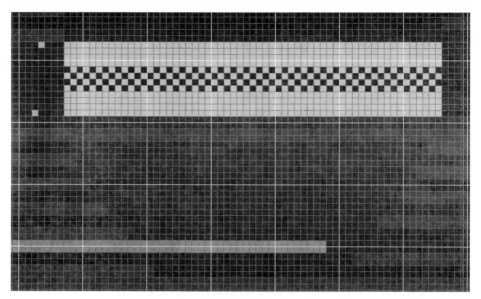

图5-25 步骤5

步骤6：插入空行→在废纱上方2行插入→框选工具→右键→复制→右键→粘贴（含功能线）→粘贴到新插入2行空行位置→线性复制工具→框选15#落布→拉伸至与废纱同宽（图5-26）→删除工具→删除下方2行落布。

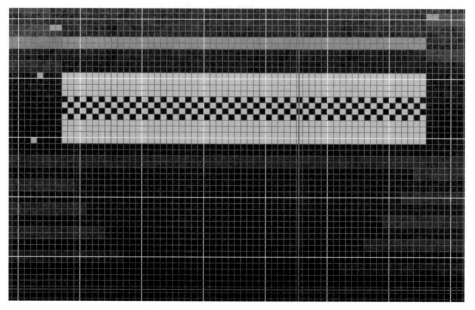

图5-26 步骤6

四、保存→编译

保存→编译→仿真，如图5-27所示。

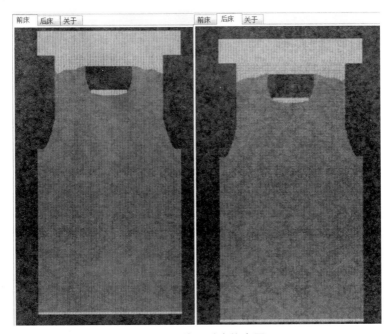

图5-27　前、后床仿真图

第四节　开衫成形设计

一、普通开衫

（一）新建

双击恒强制板图标→单击进入→文件→新建→选择机型名H2-2→下一步→设置画布大小1024×2048→完成。

（二）工艺单

工艺单，如图5-28所示。

衫身共284转

81支〈6支〉（76支）

齐织1转完

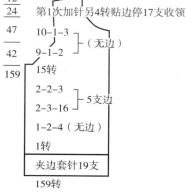

1-6-10
1-5-3 }（停边）

加完针17转

第4次加针另3转夹边扭叉

第1次加针另4转贴边停17支收领

12
——
24

47
——
42

159

10-1-3
9-1-2 }（无边）

15转

2-2-3
2-3-16 }5支边

1-2-4（无边）

1转

夹边套针19支

159转

夹边加2支

下摆：低密针　面1×1　49转

夹边留5支四平

密针上梳，圆筒1.5转

前片：分边织半幅开231支

图5-28　普通开衫工艺单

步骤1：起始针462（工艺单上为231，这里需输入整个前片的针数）。

步骤2：罗纹转数49。

步骤3：罗纹面1×1（底密针面1×1为面1×1罗纹即为底是满针，面是1隔1）。

步骤4：普通编织。

步骤5：领子圆领左片。

步骤6：左身下，0转2针1次。

步骤7：159转减19针1次→其他→夹边。

步骤8：1转减2针4次→偷吃1。

步骤9：2转减3针16次→5支边→偷吃1。

步骤10：2转减2针3次→5支边→偷吃1。

步骤11：15转加1针1次。

步骤12：9转加1针1次。

步骤13：10转加1针3次（第4次加针另3转夹边扭叉）分解为：

①10转加1针2次。

②3转0针1次→其他→记号（扭叉）。

③7转加1针1次。

步骤14：17转减5针1次→其他→棉纱。

步骤15：1转减5针2次（已被17转借1次）。

步骤16：1转减6针10次。

步骤17：1转0针1次。

步骤18：中留针34，如图5-29所示。

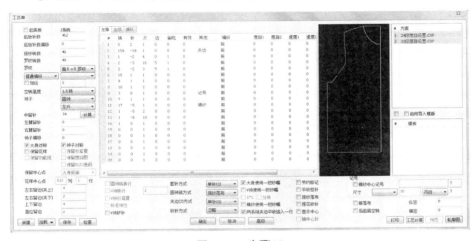

图5-29　步骤18

步骤19：左领下，1转减4针3次（领子减针需输入正数）→有效1。

步骤20：1转减3针3次→有效1。

步骤21：1转减2针6次→有效1。

步骤22：1.5转减2针6次→偷吃1。

步骤23：2转减2针3次→偷吃1。

步骤24：3转减2针3次→偷吃1。

步骤25：4转减2针1次→偷吃1。

步骤26：女左、右膊留针6，如图5-30所示。

图5-30　步骤26

步骤27：检查。

步骤28：确定。

（三）制板

步骤1：夹边5支四平：矩形工具→3#画5支四平→加2针位置改为1行1加针，如图5-31所示。

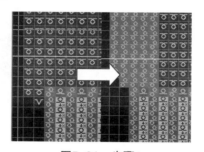

图5-31　步骤1

步骤2：领子平收位置改为铲针，因此将平收删除→翻针改为1#，如图5-32所示。

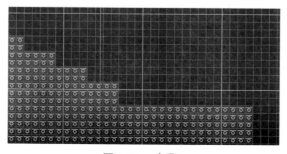

图5-32　步骤2

步骤3：领铲针棉纱：插入空行→在最后一次铲针位置插入14行空行→画铲针废纱与前中心同宽→废纱下方编织2行主纱→废纱落布和1隔1度目为13段，编织为16段→纱嘴为8#，如图5-33所示。

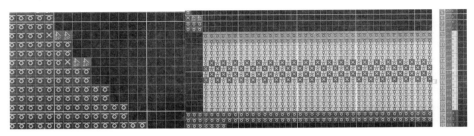

图5-33　步骤3

步骤4：假三平门襟：罗纹接单面处，填1行四平10#→画5针假三平至领底位置（图5-34）→最上方加1行70#（图5-35）。

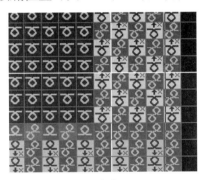
图5-34　步骤4-1

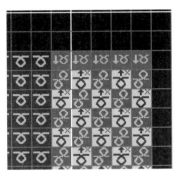
图5-35　步骤4-2

步骤5：插入行→下方废纱插入1行→8#纱嘴（使8#纱嘴停在右方）。

步骤6：删除行→上方废纱删除1行8#纱嘴。

（四）保存→编译

保存→文件名为"自定义"→编译，出现编译对话框→确定。

二、连帽开衫：

（一）新建

双击恒强制板图标→单击进入→文件→新建→选择机型H2-2→针/寸12→设置画布大小1024×2048→完成。

（二）工艺单

工艺单，如图5-36所示。

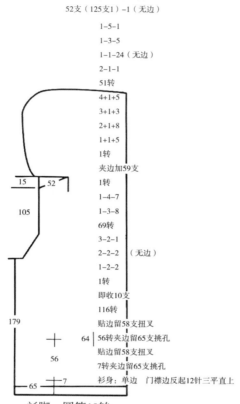

衫身共432转

52支（125支1）-1（无边）

1-5-1

1-3-5

1-1-24（无边）

2-1-1

51转

4+1+5

3+1+3

2+1+8

1+1+5

1转

夹边加59支

1转

1-4-7

1-3-8

69转

3-2-1

2-2-2 （无边）

1-2-2

1转

即收10支

116转

贴边留58支扭叉

56转夹边留65支挑孔

贴边留58支扭叉

7转夹边留65支挑孔

衫身：单边　门襟边反起12针三平直上

衫脚：圆筒18转

结上梳

前幅：分边织半幅开　187支

脚度：2.0cm

前幅连脚度全长105.2cm　　　　横度50.5cm

图5-36　连帽开衫工艺单

步骤1：起始针数为374（左右片总针数）。

步骤2：圆领→左片。

步骤3：大身使用→把纱嘴打√。

步骤4：高级→纱嘴段数→2号纱嘴在左边不打√。

（三）制板

1. 夹边收针压缩

框选夹边→压缩分离→度目，前床编织时度目，以外不打√，输入9、13→执行，如图5-37所示。

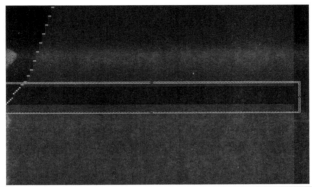

图5-37　夹边收针压缩

2. 门襟三平

步骤1：门襟画12针三平组织，9#、10#，如图5-38所示。

步骤2：三平下方将30#翻针改为8#，如图5-39所示。

步骤3：三平上方填一行70#（翻针至前+前编织）→翻针前一行度目放

松度目段为12#度目段→翻针行和套口行度目段为15#度目段（图5-40）→将织物上方2行空行删除。

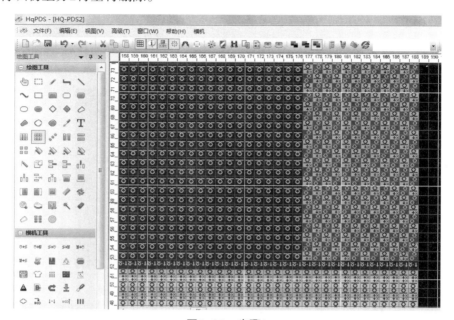

图5-38　步骤1

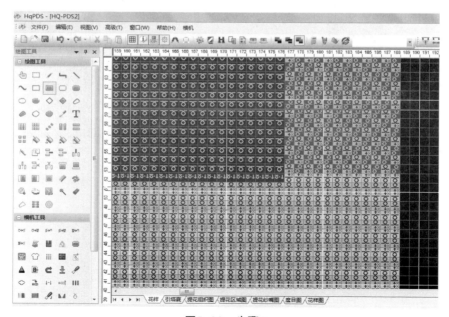

图5-39　步骤2

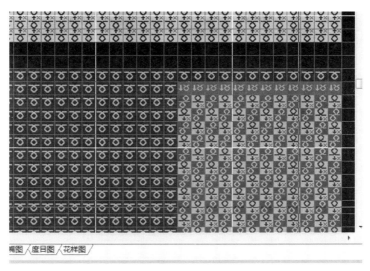

图5-40　步骤3

3. 肩部废纱

步骤1：肩部与帽子连接处向上2行插入14行空行→填8#废纱，如图5-41所示。

步骤2：将肩部废纱加针修正（图5-42）→废纱度目段为16段度目（图5-43）→纱嘴为1#纱嘴。

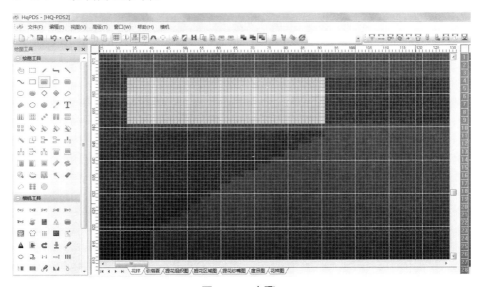

图5-41　步骤1

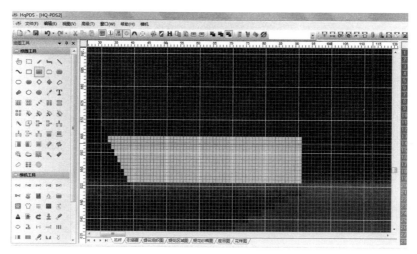

图5-42 步骤2-1

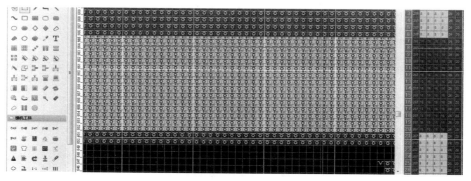

图5-43 步骤2-2

（四）保存→编译

保存→文件名为"自定义"→编译，出现编译对话框→确定。

第五节 夹色

一、新建

双击恒强制板图标→单击进入→文件→新建→选择机型名H2-2→下一步→设置画布大小1024×2048→完成。

二、工艺单

工艺单，如图5-44所示。

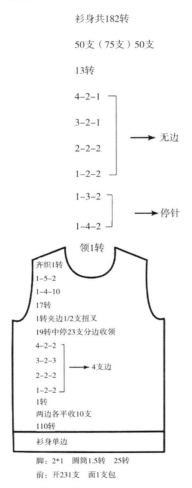

衫身共182转

50支（75支）50支

13转

4-2-1

3-2-1

2-2-2 ⟶ 无边

1-2-2

1-3-2 ⟶ 停针
1-4-2

领1转

齐织1转
1-5-2
1-4-10
17转
1转夹边1/2支扭叉
19转中停23支分边收领
4-2-2
3-2-3
2-2-2 ⟶ 4支边
1-2-2
1转
两边各平收10支
110转
衫身单边

脚：2*1　圆筒1.5转　25转
前：开231支　面1支包

图5-44　夹色工艺单

步骤1：工艺单→加载→仅加载工艺→找到已保存好的前片工艺文件。

步骤2：假吊目。

步骤3：大身使用一把纱嘴打√（做夹色使用一把纱嘴）。

步骤4：高级→2#纱嘴在左边打√。

步骤5：确定，如图5-45所示。

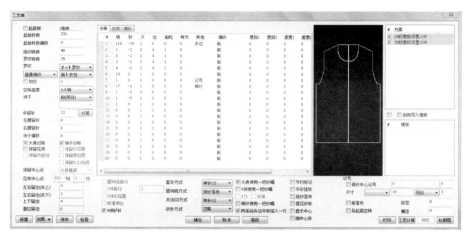

图5-45　步骤5

三、制板

步骤1：框选工具→框选袖夹平收位置→横机工具→压缩分离，出现压缩分离对话框→度目→前床编织时度目→输入9段和13段度目（图5-46）→执行→关闭。

图5-46　步骤1

步骤2：鼠标放到起始行位置查看行数68→横机工具→纱嘴间色填充，出现纱嘴间色填充对话框→起始行数68→依次输入转数、纱嘴→打结间隔不填→保存→确定（看转数是否与工艺单一致），如图5-47所示。

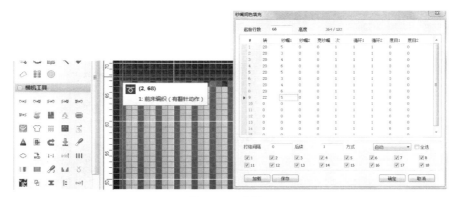

图5-47　步骤2

步骤3：框选工具→框选袖夹平收位置→横机工具→压缩分离→回复→执行。

步骤4：查看平收位置上、下方为3#纱嘴，因此将平收改为3#纱嘴。

四、保存→编译

保存→文件名为"自定义"→编译，出现编译对话框→确定。

第六节　挑孔组织成形设计

一、新建

双击恒强制板图标→单击进入→文件→新建→选择机型名H2-2→下一步→设置画布大小1024×2048→完成。

二、工艺单

步骤同79页，单面提花工艺单。

三、制板

步骤1：框选图案（图5-48）→阵列复制→拖动绘制一块较大坯布→工艺单→加载→仅加载工艺→找到已做好的工艺单，单击→保留花样→保留中心点，大身底部→找到1#色的中心点（不要找移针61#和71#为中心点）215，88（图5-49）→工艺单输入（图5-50）→确定。

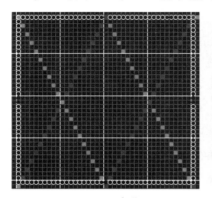

图5-48　步骤1-1

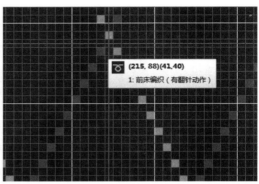

图5-49　步骤1-2

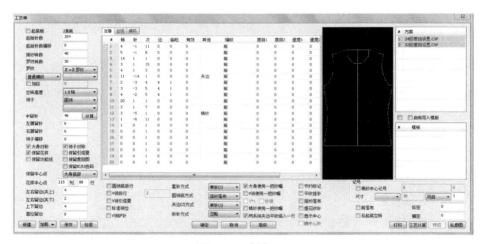

图5-50　步骤1-3

步骤2：修正边缘半个图案：框选大身→右键→重设中心线→对称绘图→矩形工具1#色，抹掉半个图案→单击关闭对称绘图。

四、保存→编译

保存→文件名为"自定义"→编译，出现编译对话框→确定。

第七节　阿兰花成形设计

一、新建

双击恒强制板图标→单击进入→文件→新建→选择机型名H2-2→下一步→设置画布大小1024×2048→完成。

二、工艺单

工艺单输入步骤同79页，单面提花工艺单。

注：领子假吊目。

高级→其他→假吊目方式，无连接→编织形式，后床编织。

三、制板

步骤1：绘制阿兰花型→框选阿兰花（图5-51）→阵列复制→鼠标拖动至足够大小坯布→选择中心点，在阿兰花1#针上（图5-52）（357，69）→工艺单→保留中心→保留引塔夏→大身底部→输入357列69行→确定（图5-53）。

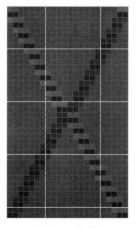

图5-51　步骤1-1

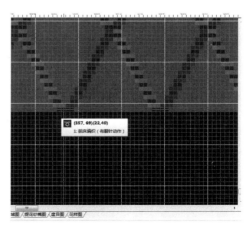

图5-52　步骤1-2

图5-53　步骤1-3

步骤2：框选大身下方织物→右键→重设中心线→对称绘图→修改边缘花型→取消对称绘图。

步骤3：边缘出现只有上索骨没有下索骨，框选→模块修正→2×1、1×2、2×2打√（图5-54）→确定，模块会自动修正（图5-55）。

图5-54　步骤3-1

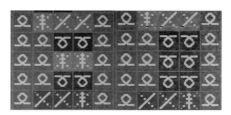

图5-55　步骤3-2

四、保存→编译

保存→编译→仿真（图5-56）。

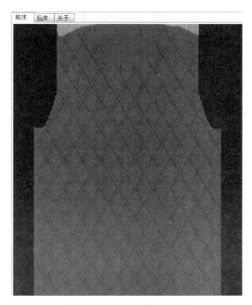

图5-56　阿兰花仿真图

第八节　蝙蝠衫

一、新建

双击恒强制板图标→单击进入→文件→新建→选择机型名H2-2→下一步→设置画布大小1024×2048→完成。

二、工艺单

工艺单，如图5-57所示。

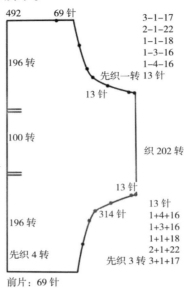

图5-57　蝙蝠衫工艺单

罗纹为单面罗纹→大身对称不打√→大身使用一把纱嘴打√→依次输入左身工艺（图5-58）→依次输入右身工艺（图5-59）→检查→高级→其他→加针方式为偷吃一次（2）→确定。

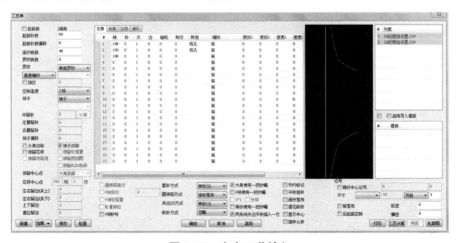

图5-58　左身工艺输入

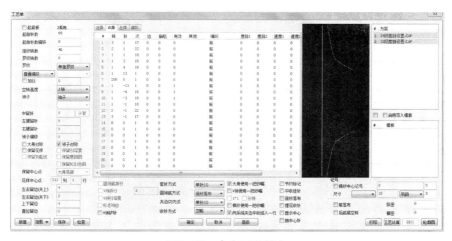

图5-59　右身工艺输入

三、制板

步骤1：下方废纱将1#改为8#纱嘴，如图5-60所示，使1#和8#纱嘴均停在右边。

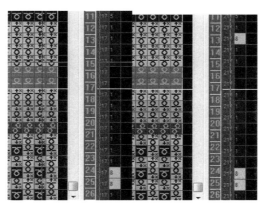

图5-60　步骤1

步骤2：主纱纱嘴更改为3#和5#交替。

步骤3：保存→编译。

步骤4：一转加一针位置加废纱（如果不加废纱也可以，但纱线不好做容易坏掉，因此通常需要加废纱）。

插入空行，输入42行→点击一转加一针位置，3#和5#纱嘴回去方向的上方，如图5-61所示。

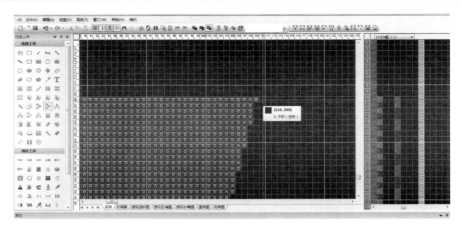

图5-61　步骤4

步骤5：框选工具→框选起底废纱→右键→复制。

步骤6：到插入42行空行位置，右键→粘贴（含功能线）→框选废纱循环→阵列复制到与衣身同宽→下方两行16#踢纱嘴→上方两行接主纱→废纱纱嘴更改为1#和8#循环，如图5-62所示。

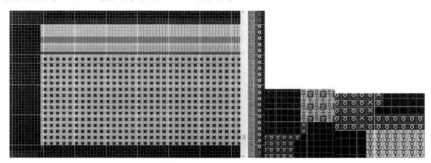

图5-62　步骤6

步骤7：1转加多针位置全部改为一个纱嘴5#。

步骤8：删除行工具→删掉直摇结束位置一行5#纱嘴，如图5-63所示。

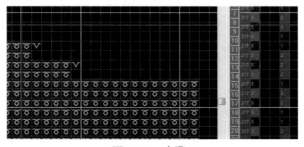

图5-63　步骤8

步骤9：减多针位置，填5#纱嘴（双数）。

步骤10：最后一个吊目去掉，如图5-64所示。

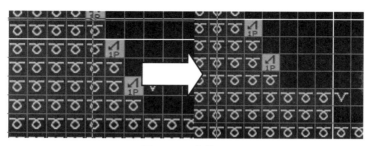

图5-64　步骤10

步骤11：减多针上方，差入行→输入14→点击指定插入位置。

步骤12：铲针结束位置加2行1#主纱与衣身同宽→绘制封口废纱与衣身同宽→废纱纱嘴为1#和8#，如图5-65所示。

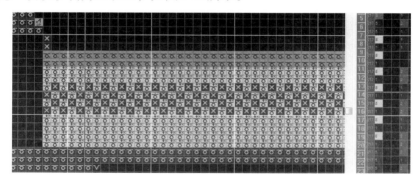

图5-65　步骤12

步骤13：7度目设置为13段度目和16段废纱度目（13段度目比16段废纱度目略微调紧）→横机工具→自动复制度目段，如图5-66所示。

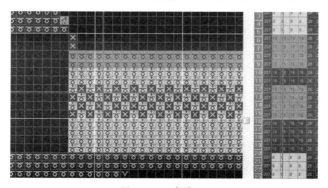

图5-66　步骤13

步骤14：上方踢纱嘴空2行删除→套口行度目为15段度目。

四、保存→编译→仿真

蝙蝠衫仿真图如图5-67所示。

备注：如果任意纱嘴没有回到原位，可通过增加或者删除行调节。

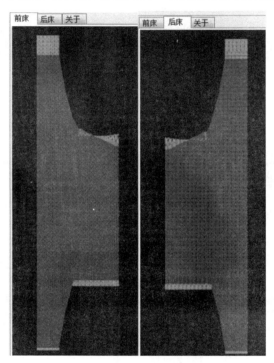

图5-67 蝙蝠衫仿真图

第九节 不对称模型

一、新建

双击恒强制板图标→单击进入→文件→新建→选择机型名H2-2→下一步→设置画布大小1024×2048→完成。

二、工艺单

工艺单，如图5-68所示。

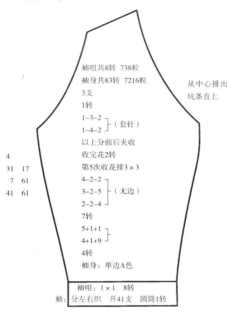

袖咀共8转　738粒
袖身共83转　7216粒
3支
1转
1-3-2　┐（套针）
1-4-2　┘
以上分前后夹收
收完花2转
第5次收花排3×3
4-2-2
3-2-5　（无边）
2-2-4
7转
5+1+1　┐
4+1+9　┘
4转
袖身：单边A色

从中心排出
坑条直上

4
31　17
7　61
41　61

袖咀：1×1　8转
袖：分左右织　开41支　圆筒1转

图5-68　工艺单

步骤1：输入袖右侧工艺单（图5-69）→大身对称√去掉→右身→右键→镜像复制→左身→将左侧工艺按工艺单调整（图5-70）→检查，右下角出现对画框（图5-71）左膊留针为-5→起始针偏移填5→确定。

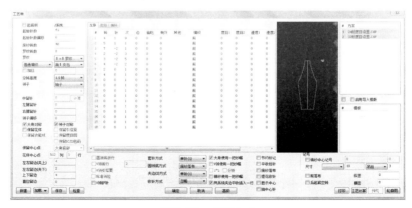

图5-69　步骤1-1

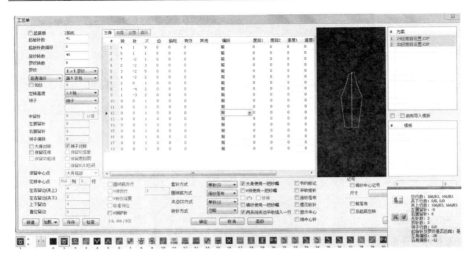

图5-70　步骤1-2

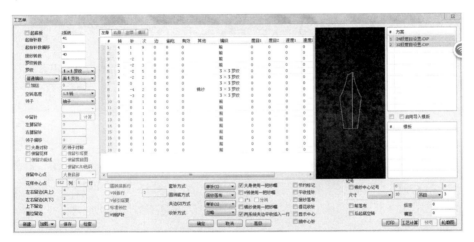

图5-71　步骤1-3

步骤2：1转减4针，2次下其他→棉纱。

步骤3：第五次收花以上为3×3罗纹；编织下框选需要加罗纹3×3罗纹处→右键→编织→3×3罗纹→确定（右身同左身做法相同）。

三、制板

步骤1：上方铲针位置更改为1#和4#如图5-72所示，这样做不容易漏针。

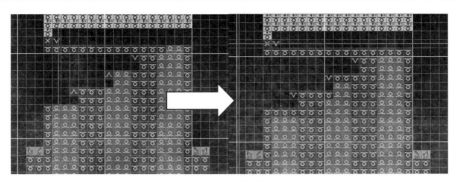

图5-72　步骤1

步骤2：207度目，过渡行度目为12段度目→套口行为15段度目。

四、保存→编译

保存→编译→仿真，如图5-73所示。

备注：第二只袖子与第一只是镜像的，因此需单独制板。工艺单下右键→互换，其他都与第一只袖子制板相同。

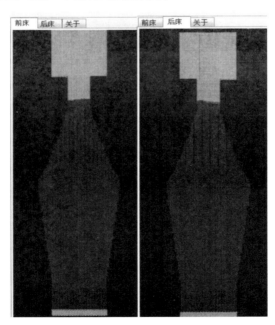

图5-73　前、后床仿真图

第十节 高领衫

一、樽领

工艺单，如图5-74所示。

衫身共155转

55支

末放松0.5转

过面单边4转

13转

1-3-6
1-2-8 }套针

47转

69转夹边挑孔

13转三片过1*1珠地

衫身：1*1珠地

衫脚：1-1+空针　　18转

结上梳，圆筒1转

后幅：开123支，面一支包

脚度：6.0cm

后幅连脚度全长67.5cm

全件罗纹中空3针　隔18支　织10转　顶1*1织8转

图5-74　工艺单

（一）新建

双击恒强制板图标→单击进入→文件→新建→选择机型名H2-2→下一步→设置画布大小1024×2048→完成。

（二）工艺单

步骤1：珠地为单鱼鳞后 [图标]。

步骤2：樽领因领高较高，不能用棉纱，需铲针，在有效填入1。

步骤3：大身使用一把纱嘴打√，如图5-75所示。

步骤4：高级→2号纱嘴在左边打√。

步骤5：确定。

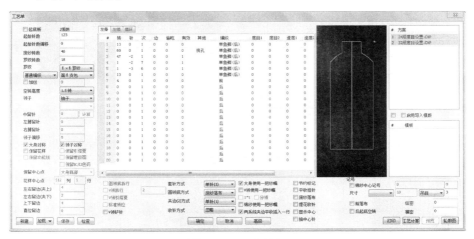

图5-75　工艺输入

（三）制板

步骤1：（1）三平5支边，13转：（1×1三平为后吊目改为0#空针），左右两侧各5针、13转三平，如图5-76所示。

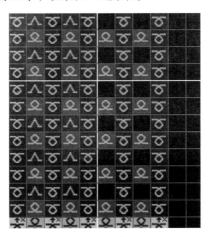

图5-76　步骤1

步骤2：插入1行废纱→17纱嘴填8#，如图5-77所示。

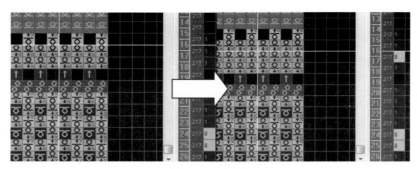

图5-77　步骤2

步骤3：上方领与身连接处，右侧插入14行空行→右键→模板→自定义→其他→封口废纱右（已保存）（图5-78）→将废纱复制到与肩同宽→度目为16段废纱度目→衣身上方加一行1×1罗纹→一行单面平针→17纱嘴更改为8#纱嘴（图5-79）。

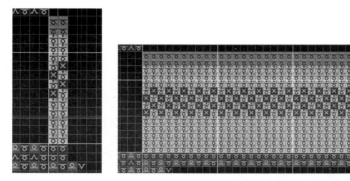

图5-78　封口废纱　　　　　　　　　图5-79　步骤3

步骤4：左侧在右侧上一行插入14行空行→右键→模板→自定义→封口纱左（已保存）→将废纱复制到与肩同宽→7度目为16段废纱度目→衣身上方加一行1×1罗纹→单面平针→17纱嘴为1#纱嘴，如图5-80所示。

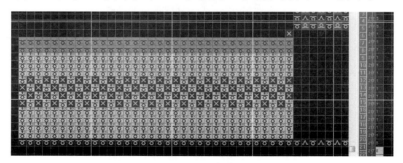

图5-80　步骤4

步骤5：框选肩部套口行→右键→复制到→度目图（图5-81）→度目图下改为15段度目。

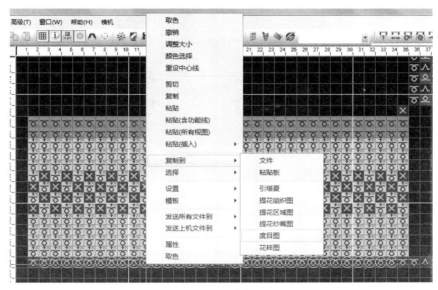

图5-81　步骤5

步骤6：上方废纱删除一行8#纱嘴废纱。

步骤7：领子上，207度目下单鱼鳞后最后一行为12段度目→单面为9段度目→套口行为15段度目，如图5-82所示。

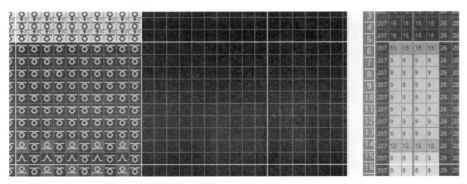

图5-82　步骤7

（四）保存→编译

保存→编译→高级→自动处理→自动度目分段→仿真，如图5-83所示。

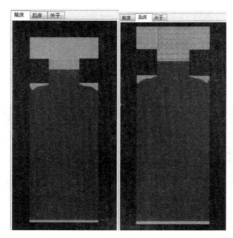

图5-83　樽领前、后床仿真图

二、乌龟领

（一）新建

双击恒强制板图标→单击进入→文件→新建→选择机型名H2-2→下一步→设置画布大小1024×2048→完成。

（二）工艺单

输入大身工艺单（13转领子高度不输入）→圆领→V领铲针→V领使用一把纱嘴（图5-84）→高级→2#纱嘴在左边不打√→输入领子工艺（图5-85）→确定。

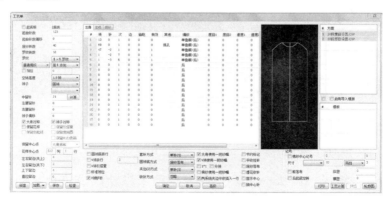

图5-84　工艺单设置1

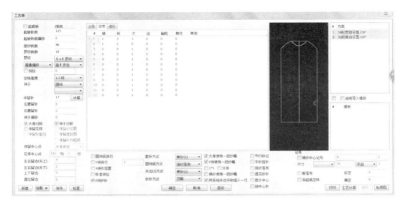

图5-85　工艺单设置2

（三）制板

步骤1：在衣身上方插入13转领子（图5-86）→17纱嘴为5#主纱纱嘴。

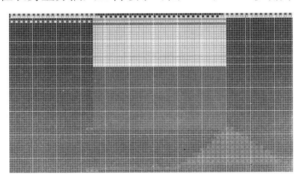

图5-86步骤1

步骤2：下方废纱加一行→17纱嘴填8#纱嘴，如图5-87所示。

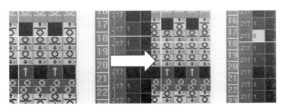

图5-87　步骤2

步骤3：插入行 ![按钮] →右键→插入行数14（图5-88）→确定→在肩部上方插入（图5-89）→右键→模板→自定义→其他→找到已保存文件"封口纱右"（图5-90）→将废拉伸至与肩同宽→纱嘴为8#纱嘴。

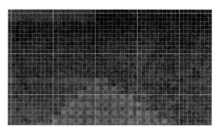

图5-88　步骤3-1　　　　　　　　　图5-89　步骤3-2

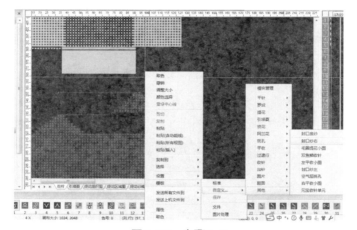

图5-90　步骤3-3

步骤4：左侧比右侧高一行插入14行空行→右键→模板→自定义→其他→找到已保存的文件"封口纱左"→将废纱拉伸到与肩同宽→17纱嘴填1#纱嘴。

步骤5：领子位置绘制为单鱼鳞后，如图5-91所示。

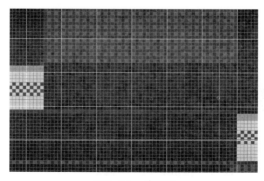

图5-91　步骤5

步骤6：分别框选肩部左右两侧铲针位置套口行→右键→复制到→提花

组织图→提花组织图下，填15段度目。

步骤7：7度目，领子为8段度目→肩部废纱度目为16段度目→过渡行为12段度目→领部套口行为15段度目。

步骤8：上方废纱插入1行为8#纱嘴。

（四）保存→编译

仿真图如图5-92所示。

保存→编译→自动处理→自动度目分段→确定→仿真。

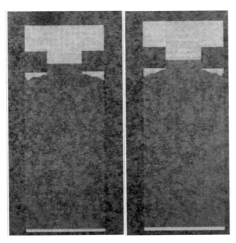

图5-92 乌龟领前、后床仿真图

第十一节 循环裙

一、第一种循环方法

（一）新建

双击恒强制板图标→单击进入→文件→新建→选择机型名H2-2→下一步→设置画布大小1024×2048→完成。

（二）工艺单

步骤1：起始针数89。

步骤2：废纱转数40。

步骤3：罗纹转数0。

步骤4：罗纹四平罗纹。

步骤5：双面提花。

步骤6：领子袖子。

步骤7：左身下，1转加11针10次。

步骤8：1转加12针17次。

步骤9：36转0针1次。

步骤10：1转减11针10次。

步骤11：1转减12针17次。

步骤12：0.5转0针1次→12段度目（过渡行）。

步骤13：0.5转0针1次→15段度目（套口行）。

步骤14：所有工艺编织→四平罗纹。

步骤15：大身对称去掉√，如图5-93所示。

步骤16：框选除套口行和过渡行工艺→右键→循环（图5-94）→循环次数12（图5-95）。

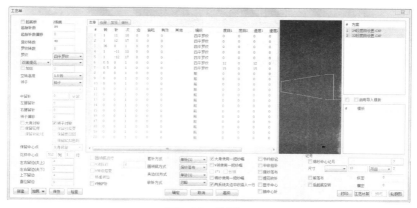

图5-93　步骤15

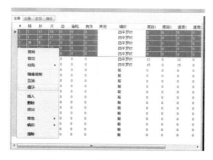

图5-94　步骤16-1

图5-95　步骤16-2

步骤17：检查→总行数为1081。

步骤18：右身下，输入1080转0针1次→四平罗纹。

步骤19：0.5转0针1次→四平罗纹→12段度目。

步骤20：0.5转0针1次→四平罗纹→15段度目，如图5-96所示。

左身	右身	左领	循环								
#	转	针	次	边	偷吃	有效	其他	编织	度目1	度目2	速度1	速度2
1	1080	0	1	0	0	0		四平罗纹	0	0	0	0
2	0.5	0	1	0	0	0		四平罗纹	12	0	12	0
3	0.5	0	1	0	0	0		四平罗纹	15	0	15	0
4	0	0	1	0	0	0		前	0	0	0	0
5	0	0	1	0	0	0		前	0	0	0	0
6	0	0	1	0	0	0		前	0	0	0	0
7	0	0	1	0	0	0		前	0	0	0	0
8	0	0	1	0	0	0		前	0	0	0	0
9	0	0	1	0	0	0		前	0	0	0	0
10	0	0	1	0	0	0		前	0	0	0	0
11	0	0	1	0	0	0		前	0	0	0	0
12	0	0	1	0	0	0		前	0	0	0	0
13	0	0	1	0	0	0		前	0	0	0	0
14	0	0	1	0	0	0		前	0	0	0	0
15	0	0	1	0	0	0		前	0	0	0	0
16	0	0	1	0	0	0		前	0	0	0	0
17	0	0	1	0	0	0		前	0	0	0	0
18	0	0	1	0	0	0		前	0	0	0	0
19	0	0	1	0	0	0		前	0	0	0	0
20	0	0	1	0	0	0		前	0	0	0	0

图5-96　步骤20

步骤21：确定。

（三）制板

步骤1：下方废纱与主纱第1行复制到最左侧与织物同宽。

步骤2：上方废纱与主纱过渡行、套口行复制到最左侧与织物同宽→套口行将3#四平组织更改为1#单面。

步骤3：循环之间加入2行编织，如图5-97所示。

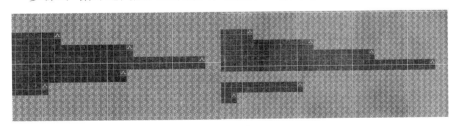

图5-97　步骤3

（四）保存→编译

保存→文件名为"自定义"→编译，出现编译对话框→确定。

二、第二种循环方法

（一）新建

双击恒强制板图标→单击进入→文件→新建→选择机型名H2-2→下一步→设置画布大小1024×2048→完成。

（二）工艺单

1-11步骤同方法一（略）。

步骤12：1转0针1次。

步骤13：编织下，框选右键→编织→四平罗纹。

步骤14：检查，总行数91转。

步骤15：大身对称√去掉。

步骤16：右身下，输入91转0针1次→编织下，右键→编织→四平罗纹，如图5-98所示。

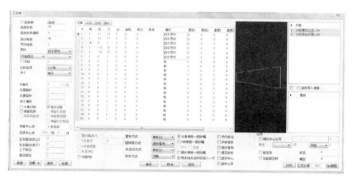

（a）左身工艺

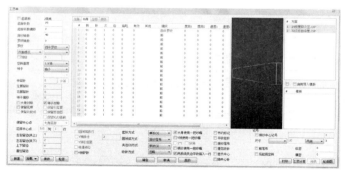

（b）右身工艺

图5-98　步骤16

步骤17：确定。

（三）制板

步骤1：将5#后吊目改为4#前吊目：填充→右键，出现填充对话框→连通区域√去掉（图5-99）→确定→4#→点击板子内任意一个5#吊目。

图5-99　步骤1

步骤2：线性复制→框选下方废纱与主纱第一行的2列→复制到最左侧与织物同宽。

步骤3：线性复制→框选上方废纱与主纱最后1行的2列→复制到最左侧与织物同宽。

步骤4：删除上方2行踢纱嘴空行。

步骤5：201功能线下，填循环次数12，如图5-100所示，从主纱起始到主纱结束。

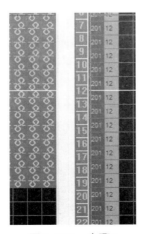

图5-100　步骤5

步骤6：在主纱最上方插入2行（一行为3#、12段度目，一行为1#、15段度目）如图5-101所示。

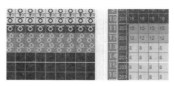

图5-101　步骤6

（四）保存→编译

保存→文件名为"自定义"→编译，出现编译对话框→确定。

第十二节　芝麻点提花成形设计

一、新建

文件→新建→机型名H2-2→设置画布大小1024×2048→完成。

二、工艺单

步骤1：工艺单→仅加载工艺→找到已保存工艺Q231→双面提花→领子假吊目→大身使用一把纱嘴打√→棉纱中心记号打√，如图5-102所示。

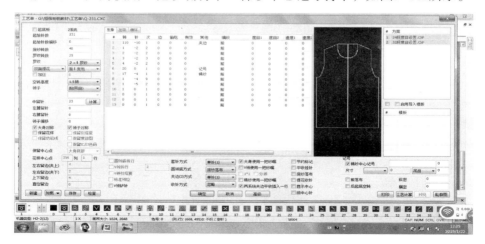

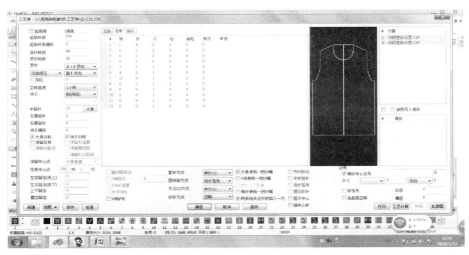

图5-102　步骤1

步骤2：高级→2#纱嘴在左边打√（除了圆领、V领不打√，其他都打√）→其他→废纱模式为直接编织（6）→假（吊目）方式为无连接→偷吃色码为0→大身收针方式（2）为阶梯（图5-103）→确定。

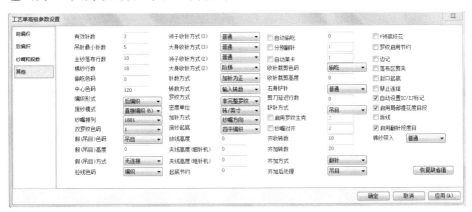

图5-103　步骤2

三、制板

步骤1：花样下→矩形工具→1#色画一块坯布，将样片全部覆盖（图5-104）→花样到引塔夏。

图5-104　步骤1

步骤2：引塔夏里将1#色改为5#色→3#色画菱形图案→取个约中间位置的任意中心点→F4工艺单→保留花样打√→保留引塔夏打√→保留中心点为大身底部→输入中心点坐标271列139行（图5-105）→确定，如图5-106所示。

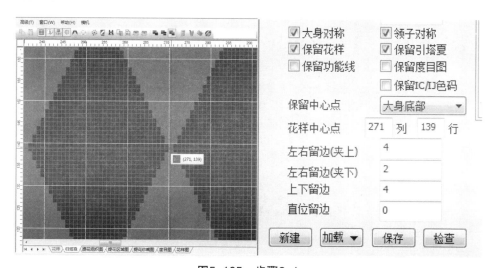

图5-105　步骤2-1

图5-106　步骤2-2

步骤3：216编织形式→右键→两色提花→1×1-A→纱嘴组设定为1#（图5-107）→框选工具→框选21、3、1→阵列复制→将提花部分填上21、3、1（夹边位置不设定）（图5-108）→纱嘴系统设置→自动（1）为5-5、3-3→确定。

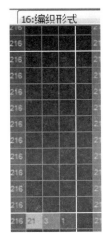

图5-107　步骤3-1

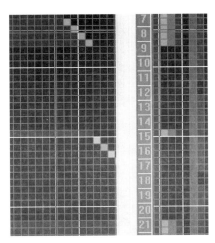

图5-108　步骤3-2

步骤4：花样下两侧挂针位置，在引塔夏里用5#填上，如图5-109所示。

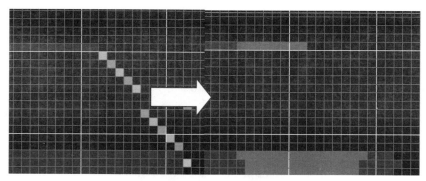

图5-109　步骤4

步骤5：花样下，两侧15#前落布改为249#前后落布。

步骤6：两侧夹边平收位置，将1#改为30#，如图5-110所示。

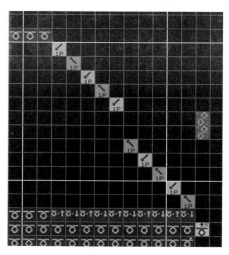

图5-110　步骤6

步骤7：框选领子位置→换色工具→4#换成8#（图5-111）→确定→魔棒工具→点击领子位置8#色→右键→复制到→引塔夏（图5-112）。

图5-111　步骤7-1

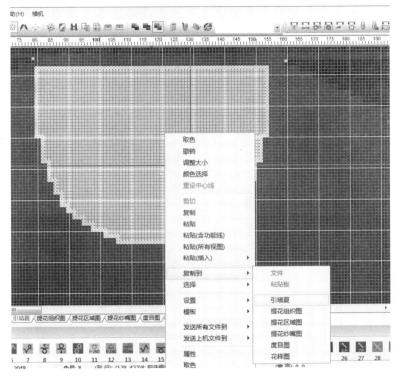

图5-112　步骤7-2

步骤8：引塔夏下，框选领子位置→边框工具 ，四周加3#边框→换色工具→8#换成5#→在领子5#内，用3#标注尺码120，如图5-113所示。

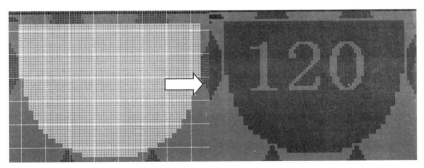

图5-113　步骤8

步骤9：7度目→将大身倒数两行改12段度目和15段度目，如图5-114所示。

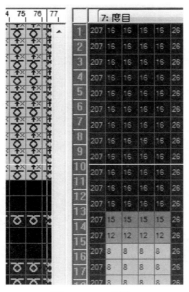

图5-114　步骤9

四、保存→编译

保存→编译→仿真，如图5-115所示。

图5-115　前、后床仿真图

第十三节　图片导入恒强成形

一、将相关软件工艺款式图片（如富怡、智能吓数）导入恒强成型

新建坯布→画图 ![w] →文件→打开，找到已经画好的工艺款式图片→框选→复制→到恒强制板里粘贴（尽量靠近左下角），如图5-116所示。

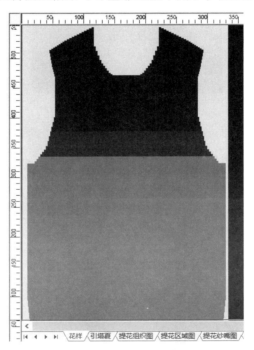

图5-116　复制粘贴

二、制板

步骤1：17纱嘴→依次从下向上，按图5-116颜色更换纱嘴为5#、4#、3#夹色。

步骤2：换色工具→大身为1#色，其余部分为0#色，如图5-117所示。

图5-117　步骤2

步骤3：框选收针位置→横机工具里成型设定 👕 →编织→2针下填6，（6为6-2=4支边，1为偷吃1针、3针下填7；7为7-3=4支边，2为偷吃2针）→确定，如图5-118所示。

图5-118　步骤3

步骤4：右侧收针位置，将62#、63#改为102#、103#，如图5-119所示。

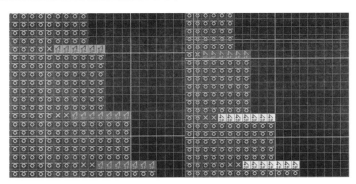

图5-119　步骤4

步骤5：平收：上方空白处→右键→模板→自定义→平收→平针拷针1，如图5-120所示，放到上方空白位置。131#为左侧平收色码，132#为右侧平收色码。

图5-120　步骤5

步骤6：右侧平收在双数行收针上一行填充132#，比平收多1针→左侧平收在单数行收针行填充131#色码，比平收多1针，如图5-121所示。

图5-121　步骤6

步骤7：219功能线下→设定大身标记（在起始行最后一列填8#），如图5-122所示。

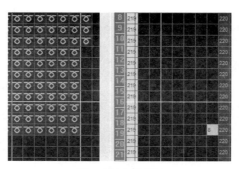

图5-122　步骤7

步骤8：画起头纱：横机工具→更换起头 ，出现更换起头对话框（图5-123）→2×1罗纹→罗纹转数20→确定，自动起头废纱、罗纹（图5-124）。

图5-123　步骤8-1

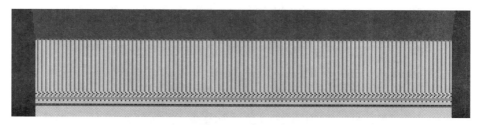

图5-124　步骤8-2（起头废纱、罗纹）

步骤9：绘制结束废纱，也可打开已有文件复制废纱→到制板下，粘贴（含功能线）→线性复制→框选废纱循环→拖动到与下摆、肩同宽位置，如图5-125所示。

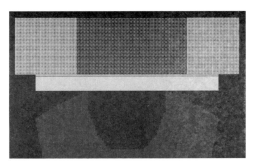

图5-125　结束废纱

步骤10：主纱结束行左侧绘制到与肩同宽→框选铲针位置，向下移动1行→阴影→框选肩部铲针位置→左键单击，出现阴影设置对话框，类型为奇数行，基本颜色为1#，阴影颜色为4#（图5-126）→在左侧添加需单击向右箭头，如图5-127所示。

图5-126　步骤10-1

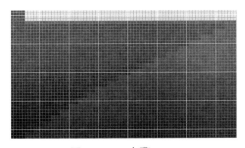

图5-127　步骤10-2

步骤11：主纱结束行右侧绘制2行与肩同宽→框选肩部铲针位置→阴影→左键单击，出现阴影设置对话框，类型为偶数行，基本颜色为1#，阴影颜色为4#→在右侧添加需单击向左箭头，如图5-128所示。

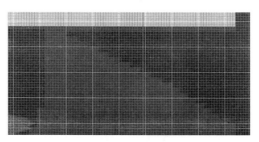

图5-128　步骤11

备注：领子位置可直接填充2#色，也可以做吊目。

步骤12：吊目做法：填充工具将领子填充2#色→魔棒→选取2#色→在边框工具上，单击右键，出现边框设置对话框→边框宽度设置为2（图5-129）→4#色→在2#区域单击（图5-130）→将2#换为1#色→上方不吊目→左、右、下吊目更改为1隔1的（图5-131）。

图5-129　步骤12-1

图5-130　步骤12-2

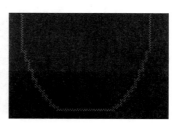

图5-131　步骤12-3

步骤13：加针：框选下方加针位置→横机工具→滑动描绘→单击出现滑动描绘对话框→单击向右箭头→绘制加针偷吃16#→滑动描绘→回复，如图5-132所示。

图5-132 步骤13

步骤14：左侧下方加针、上方左右加针同13步，略。

步骤15：22结束下，将结束点更改为织物结束，原结束点去掉。

步骤16：7度目下，将主纱8段度目复制到织物上、下方。

步骤17：横机工具→自动复制度目段。

步骤18：横机工具→设定分别翻针。

步骤19：检查摇床。

步骤20：210卷布（罗拉）将铲针位置设置为12段。

三、保存→编译

保存→文件名为"自定义"→编译，出现编译对话框→确定。

参考文献

［1］闵雪，郭瑞萍.镂空效果在成形针织服装中的创新应用[J].针织工业.2019（4）：64-69.

［2］王薇，将高明，丛洪莲，等.基于互联网的纬编针织物计算机辅助设计系统[J].纺织学报，2017（8）：105-155.

［3］王勇.针织服装设计[J].纺织服装教育，2017（3）：175-175.

［4］中国服装协会.2016—2017中国服装行业发展报告[M].北京：中国纺织出版社，2017.

［5］彭佳佳，蒋高明.电脑横机花型文件的设计与数据压缩[J].针织工业，2016（3）：12-15.

［6］张永超，丛洪莲，张爱军.纬编CAD技术进展与发展趋势[J].纺织导报，2015（7）：40-43.

［7］陈红娟，赵恒迎.基于集圈组织结构的毛衫织物设计及其应用[J].毛纺科技，2014，42（9）：21-24.

［8］雷惠.横编织物结构特征研究与外观真实感模拟[D].无锡：江南大学，2014.

［9］郭晨，蒋高明.纬编提花毛圈织物计算机辅助设计[J].纺织学报，2014，35（4）：142-147.

［10］王琳.关于针织物组织对成形针织时装设计风格的研究[D].大连：大连工业大学，2013.

附录 针织组织花型
及成形编织设计实物

附图1 缩针处理

附图2 移针花型

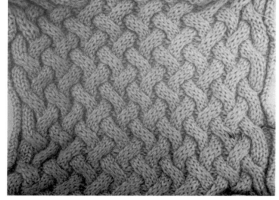

附图3 移针花型图

附图4　夹色凸条

附图5　夹色凸条

附图6　阿兰花+绞花+移针

附图7　正反针、四平组合

附图8　空气层提花+弹力丝

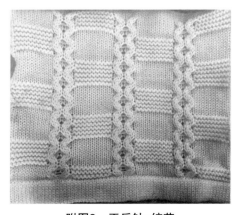

附图9　正反针+绞花

附图10　1绞花+挑孔

附图11　绞花+移针

附图12　正反针

附图13　全成形针织服装1

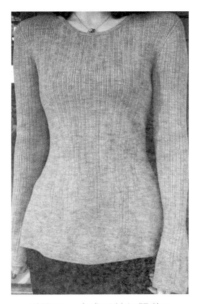

附图14　全成形针织服装2

附图15　全成形针织服装3

附图16　全成形针织服装4

附图17　全成形针织服装5

附图18　全成形针织服装6

附图19　全成形针织服装7

附图20　全成形针织服装8

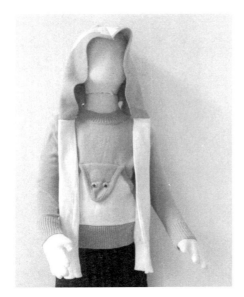

附图21　全成形针织童装1

附图22　全成形针织童装2

附图23　全成形针织童装3

附图24　全成形针织童装4

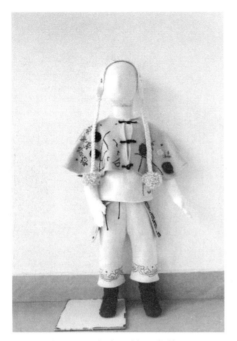

附图25　全成形针织童装5

附图26　全成形针织童装6

附图27　全成形针织童装7